国のために死ねるか

自衛隊「特殊部隊」創設者の思想と行動

伊藤祐靖

文春新書

1069

はじめに——戦う者の問いと願い

特殊部隊というものをご存じだろうか？

聞いたことはあるが、実はあまりよく判っていない、という方が大半ではないかと思う。それは無理もない話で、そもそも多くの日本人は軍隊（自衛隊）に馴染みがない。その中のさらにマイナーな組織である特殊部隊が、理解されているはずもない。

軍隊というものは、自己完結型の組織である。震災のようにインフラが打撃を受けたような場所においてでも、自分たちだけで活動ができる。輸送、通信、炊飯、補給、経理、医療等々、直接戦闘行動に関係のない職種も多く保有しているからであり、彼らなくして継続的な戦闘行動は不可能である。

そういった軍隊の中でも、敵陣に入り込み、孤立無援の状態でも自己完結して、作戦行動をとることができる部隊がある。それが特殊部隊である。

だから特殊部隊員は、戦闘行動に関係の無い通信、医療等もこなせなくてはならないし、戦闘行動に関係するものは、すべてパーフェクトにできなければならない。さらに、敵の支配地域を少数で行動するため、作戦の主軸を奇襲にゆだねる場合が多く、よって、パラシュート降下（空からの近接）、レンジャー行動（山間部の徒歩での近接）、スクーバ潜水（海中からの近接）等の高度な機動能力も不可欠となる。

我が国は、陸海空いずれの自衛隊も特殊部隊を保有していなかったが、二〇〇一年三月、海上自衛隊内に初の特殊部隊である特別警備隊（特警隊）を創設した。

一九六四年、東京オリンピックの年に生まれた私は、身体が丈夫で、運動だけは真剣にした。だから、高校卒業後は、日本体育大学に特待生で入学し卒業後は、体育教員が内定していた。

ところが、あるとんだ思い込みで、海上自衛隊に最下級兵士として入隊した。

海上自衛隊には二十年在隊したが、前半の十年は、防衛大学校指導教官であった二年間を除けば、いわゆる〝いくさぶね〟での勤務だった。日本の戦闘艦艇十隻、米海軍戦闘艦艇二隻に乗った。

そして、一九九九年、イージス艦「みょうこう」の航海長だった三十四歳の時に、能登半島沖不審船事件に遭遇し、この事件をきっかけに決まった特別警備隊の創隊に関わることとなった。以後、足かけ八年を先任小隊長として勤務し、特警隊がどうにか世界と肩を並べる態勢になりつつあるところまでは、この目で現場を見ていた。

しかし、四十二歳の時に特警隊から艦艇部隊への転勤を命じられ、「日本は本気で特殊部隊を使う気がない」と確信した私は自衛隊を辞めた。

退職だけでも随分思い切ったことをしたものだが、それだけでなく私は、フィリピンのミンダナオ島へ飛んだ。退職の二日後のことだった。射撃と潜水の技量が維持できて、緊張感も保てる程度に治安の悪い環境を求めて行ったのだが、知り合いもいない治安の悪い場所で、腕だめし、運だめしをしたくて行ったという方が合っているのかもしれない。

実際に行ってみると、緊張感がありすぎるという誤算はあったが、ミンダナオ島でたくさんの出会いと別れ（死別）を繰り返す中、水中格闘をはじめ、各種の技術を習得できた。私が今、実際に使えると思っている技術や、役立っている経験は、特殊部隊を辞めたあと、あの島で得たものが九〇パーセント以上である。

約三年間住んでいたが、ある日、現地でとった弟子に、「あなたの国は、おかしい。なぜ先祖が子孫のために残した掟を捨てて、他人が作ったものを大切にしているのか？　その地に生きる子孫のために先祖が必死で伝承してきた掟を捨ててしまうような国家、国民の何をいったいどうして守りたいのか？」と言われた。私は、一言も返すことができなかった。

自分も、自分が生まれた国も、何かを大きく間違えているとは思った。右だの左だのといったイデオロギーの問題ではない。この身を捨てるに値する何が日本という祖国にあるというのか。その根本が分からなくなってしまった。

自分は出直す必要がある。そう思って、日本に戻ってきた。

現在は、警備会社でアドバイザーをしながら、護身教室での指導や、ビジネスマン相手に戦術的思考の解説をしている。また、自衛官、警察官などの行政機関、法執行機関に勤務する人が訪ねて来れば、自分の知識、技術、経験をお伝えしている。

今もって、ミンダナオ島で突きつけられた問いに対する答えは出ていない。しかし、自分に何ができるのかは見えてきたような気がする。

私の役目は、自分の経験にもとづく思いを話すこと、人に伝えること、そして、人に問いかけることではないか。

私の父は、陸軍中野学校出身で、世の中の平均値からは、だいぶ離れたところに感性がある。そのもとに生まれ、育てられ、ひっくり返るようなことがたくさんあった。

海上自衛隊に入ってからも、歴史のヒトコマと思える場面を特等席で幾つも目撃してきた。日本人を拉致している最中だった可能性のある北朝鮮工作員をこの目で見たし、その工作母船への立入検査を命じられ、最初はおどおどしていた部下たちが、やがて死を覚悟し、自信に満ちた晴れやかな表情に変わっていくのも見た。

その事件をきっかけに創設された特殊部隊の構築過程でおきたこと、どんな部隊ができて、できてからどうなっていったのかも、張本人としてつぶさに見ていた。自衛隊を辞めてからも、ミンダナオ島での生活をはじめ、非日常的な経験をいろいろと重ねてきた。

面白半分の覗き見でも構わない。本書を通して私の半生の要所要所を読者にも見ていただきたいと思う。

そして、私にはまだ出せていない問いの答え、この国に命を賭してでも守り抜くべきものはあるのか、という問題について、考えて貰えたらと願っている。

二〇一六年六月吉日　　伊藤祐靖

国のために死ねるか　自衛隊「特殊部隊」創設者の思想と行動◎**目次**

第三章 戦いの本質 141

第四章 この国のかたち 195

おわりに——あの事故のこと 248

企画・編集　オバタカズユキ

第一章　海上警備行動発令

緊急呼集

北朝鮮の工作母船とイージス艦「みょうこう」が、真っ暗な日本海のど真ん中に浮かんでいた。

先ほどまで我々の艦は、三〇ノット超の猛スピードで北上する奴らを追いながら、何発も何発も警告射撃の砲弾を炸裂させていた。一つ間違えれば、拉致された日本人もろとも工作母船を吹き飛ばしかねない、一二七ミリ炸裂砲弾の連続発射。だが、奴らはまるでひるむことなく逃走を続けたのだった。

それがいきなり停止した。航海長として奴らを懸命に追っていた私は、

「止まっちまった」

と口の中で呟いた。止まれ、止まれ、と念じて警告射撃をしていたのに、現実に止まったら、頭が真っ白になった。

官邸からの海上警備行動の発令を受けてここまで来たのだから、次は工作母船内の立入検査である。拉致された日本人を発見したら、是が非でも救出しなければならない。

だが、無理だ。なぜなら、一回も訓練をしたことがない。私は教育訓練係士官だったのでよく知っている。立入検査については、まだ誰にも何も教えていなかった。

それは私がサボっていたという意味ではない。元々、海軍の仕事は、船の沈め合いだとされてきた。海軍に海上封鎖をさせようという考えが世界規模で広がったのは、つい最近のことなのである。

武器による抵抗が予想される船舶に乗り込んで検査をする、という考えも、世界の海軍の中で出てきたばかりだった。海上自衛隊としては、それを取り入れようと研究し始め、各艦にその資料が配付されたばかりのタイミングであった。であるから、艦内にはまだ防弾チョッキも装備していなかった。

拳銃を持って突入していくことになっている立入検査隊員たちは、指揮官以外の全員が下士官だった。彼らは小銃の射撃訓練なら何度も経験していたが、通常、幹部（士官）が持つことになっている拳銃は、撃ったことはおろか、触ったことすらなかった。

そんな彼らが、この真っ暗な日本海のど真ん中で、これから相手の陣地に乗り込んで行く。そして、あれほどの激しい警告射撃でも止まらないような、しかも、高度な軍事訓練を受けているに違いない北朝鮮の工作員らと、銃撃戦をする。

銃撃戦で犠牲者が出ることは避けられない。それどころか、工作母船には必ず、自爆装置が装備されている。ごく普通に考えて、立入検査隊は全滅する。

立入検査隊員たちは、「海上警備行動が発令された。総員戦闘配置につけ」という副長の艦内放送の声で食堂に集まっていた。彼らは、ほんの数分前まで、「平成の世の中で、海上自衛隊の俺が戦死？　ありえない、ありえない」といったふうに、その状況を侮っていた。それが、工作母船の停止で一気に出撃が現実のことになってきた。彼らの表情はどんどん暗く、不安そうになっていった。

たしかにすべてが「ありえない」話だったのだ。しかし、出撃の条件は次々と整っていった。全乗員の誰もが立入検査隊を「行かせたくない」と思っているのに、彼らを出撃させるための準備作業を妙に手際よく、こなしてしまった。

とうとう、すべての準備が整った。出撃に関する説明を終え、個人装備品を装着するために一旦解散、十分後に再集合となった。立入検査隊員の中に、私の直属の部下である航海科員がおり、緊張した面持ちでやって来た。

「航海長、私の任務は手旗です。こんな暗夜の中、あんなに離れた距離で手旗を読めるわけがありません。行く意味はあるのでしょうか？」

私は答えた。

「つべこべ言うな。今、日本は国家として意志を示そうとしている。あの船には、拉致された日本人のいる可能性がある。国家は、その人たちを何が何でも取り返そうとしている。だから、我々が行く。国家がその意志を発揮する時、誰かが犠牲にならなければならないのなら、それは我々がやることになっている。その時のために自衛官の生命は存在する。行って、できることをやれ」

彼は、一瞬目を大きく見開いてから、なぜかホッとした表情を見せた。

「ですよね、そうですよね。判りました」

こちらが面食らった。私も正直、彼が手旗要員として行く意味などないと思っていたが、勢いよく自分の人生観と死生観をぶつけてしまった。それでいいのか？　私に反論しないのか？　お前は、「ですよね」で行ってしまうのか……。

そして、一旦解散した検査隊員たちが、食堂に帰ってきて再集合した。驚いたことに、彼らの表情は一変していた。

胴体には防弾チョッキのつもりか、『少年マガジン』が、ガムテープでぐるぐる巻きにしてあった。そんな滑稽な姿なのに、私は彼らに見とれた。十分前とは、まったく別人になっていたからだ。悲壮感の欠片もなく、ニコニコはしていないが、清々しく、自信に満ちて、どこか余裕さえ感じさせる、美しいとしか言いようのない表情だった。

特攻隊で飛び立って行った先輩たちも、きっとこの表情で行ったに違いない。私はそんなふうにも感じた。

彼らは出撃のために歩みを進めた。その中に私の部下がいた。彼は私の前で立ち止まり、挙手の敬礼をした。

「航海長、お世話になりました。行って参ります」

三十分後にはこの世にいなくなる彼に、何かを言わなければと思ったが、私は何も言えなかった。挙手で答礼するのが精一杯だった。彼は言い終えると、吹っ切れたように再び正面を向いて進み始めた。そして、五、六歩行ったところで急に振り向いた。

「航海長、あとはよろしくお願いします」

そのあまりにも重すぎる一言に、私は大きく頷くことしかできなかった。そして、二つのことを考えていた。

一つは、彼らを、政治家なんぞの命令で行かせたくない、と思った。

彼らの表情はなぜ美しかったのか。それは、彼らが〝わたくし〟というものを捨て切っていたからだ。若い立入検査隊員たちは、短い時間のうちに出撃を覚悟し、多くの欲求を諦めていった。そして、最後の最後に残った彼らの願いは、公への奉仕だった。

それは、育った環境や教育によるものではなく、ごく自然に、自らを滅することの意義として生じた願いである。私はそう感じた。

だから、そうやって〝わたくし〟を捨てきった彼らを、それとは正反対の生き方をしているように見えてしまう政治家なんぞの命令で行かせたくなかったのだ。

そしてもう一つ、「これは間違った命令だ」とも考えていた。美しい表情の彼らに見とれながら、「彼らは向いていない」と思った。向いている者は他にいる。

立入検査隊員の彼らは、自分の死を受け入れるだけで精一杯だった。任務をどうやって達成するかまで考えていない。しかし、世の中には、「まあ、死ぬのはしょうがないとして、いかに任務を達成するかを考えよう」という者がいる。この任務は、そういう特別な人生観の持ち主を選抜し、特別な武器を持たせ、特別な訓練をさせて実施すべきであって、向いていない彼らを行かせるのは間違っている。

わずか七十年前には、本当は向いていなくても、決して戻ってくることのない出撃をしていく光景は、日常的に繰り返されたのかもしれない。そうして〝わたくし〟を捨てた人間の表情も美しかっただろうが、それを美談として語り継ぐだけでは、先輩の死は浮かばれない。

向いていない者にこの厳しい任務を強いるのは、日本国として、これを最後にしなければならない。そのために日本は、特殊部隊を創設すべきだ。創設は私の責務だ、と強く思った。

＊

この能登半島沖不審船事件は、私の人生の転機であっただけでなく、戦後日本の軍事・防衛にも大きなインパクトを与えた出来事である。なのに、一般的には、事件が起きたことすらほとんど知られていない。

以下、ことの始まりから、ていねいに事件の経緯を説明、状況を再現しておきたい。

＊

一九九九年三月二十二日、私は京都府舞鶴市内の本屋に居た。

日体大卒業後、海上自衛隊に入隊して、十二年が経過していた。十二年間で、階級は二等海士（二等水兵）から一等海尉（海軍大尉）に十階級上がり、役職も電信兵（通信関係）から航海長に昇格していた。乗り組んでいる艦も廃艦寸前の特務艦「むらさめ」から最新鋭イージス艦「みょうこう」になっていた。

何気なく、本屋に入ったのとほぼ同時に、当時まだ珍しかった携帯電話がなった。慌てて出ると、「みょうこう」からだった。

「航海長ですか？　当直士官です。緊急出港が、かかりました。直ちに帰ってきて下さい」

これが、能登半島沖不審船事件の始まりである。

私はすぐさまタクシーを捕まえ、「みょうこう」に帰った。タクシーは、頼みもしないのに信号を幾つも無視して桟橋に向かった。

舞鶴は、そんなに大きな街ではない。しかも、軍港が国道に面しているので、緊急出港がかかれば街全体にその緊張感が伝わっていく。この時も三艦に緊急出港がかかったので約五百人の男が慌てて艦に帰っていくし、食料品も緊急調達して出港直前まで積めるだけ積んでいく。街全体が異様な雰囲気になっていた。

私はとにかく、早く艦の行き先が知りたかった。道なき海では、行き先が決まってからもやることがある。まず、海図に航路を引かなければならない。それは、航海長の仕事だ。

「みょうこう」に帰艦し、士官室（幹部が会議や食事をする部屋）に行くと、慌てて帰艦してきた幹部たちと錯綜する情報でごった返していたが、肝心の艦長がいない。当直士官に聞いた。

「オヤジは？」

「艦長は、お部屋だと思います」

「緊急出港がかかってるのに、随分のんきだな」

私は、艦長室に駆け上がり、ドアをノックした。

「航海長、入ります。ただ今帰りました。艦長、行き先は、どちらでしょうか？」

「それは、まだ言えない」

思いもよらぬ艦長の答えだった。

「言っていただかないと航路が引けません。航路が引けないと出港できません」

「判っている。でも、秘のグレードが高すぎて、まだ、言えない。出港の直前に航海長にだけ言う」

「判りました。出港の準備が整いましたら、また、参ります」

正直、動揺した。この七か月前の八月三十一日、北朝鮮のミサイル「テポドン」が日本列島を飛び越え、太平洋に着弾している。その何日か前にも緊急出港がかかったが、あの時、艦長はすぐに行き先を言った。それなのに今回は、言えないという。

「秘のグレードが高すぎる？　日本の近くで何が起きようとしているんだ？　アメリカと

北朝鮮の戦争が迫っているのではないか。行き先は、きっと北朝鮮沖だ……」

想像はどんどん膨らんでいった。

やがて帰艦してきた乗員の数が全乗員の三分の一に近付き、出港が間もなく可能となるため、私は再び艦長室を訪ねた。

「艦長、出港準備に間もなく取りかかれます。行き先を教えて下さい」

「よし。行き先は、富山湾だ」

「えっ、国内なんですか？」

「そうだ」

「判りました。すぐに航路を引きます」

北朝鮮戦闘員の目

翌早朝、「みょうこう」は、富山湾に到着した。任務は、特定電波を発信した北朝鮮の不審船を発見することだった。

「発見せよ」と言われても、当然、不審船は日本の漁船に偽装している。アンテナの形や数で不自然なものはあるかもしれないが、富山湾に何百隻と浮かぶ漁船の中から見つけ出すことは容易じゃない。それに、見つけたところで漁船に乗り込んで調べる権限は自衛官にない。が、ともかく、不自然な漁船を探し始めた。

捜索を開始して半日過ぎた午後、私は、艦橋で航海指揮官として勤務していた。天候は、前日の荒れ模様から完全に回復しており、鏡のような日本海を照らす暖かい春の日差しが心地よかった。内心「見つけられるわけがない」と思いながら、哨戒エリアを変更するために針路を南にとり始めた。

すると、前方の水平線付近に、「みょうこう」とすれ違うかたちで北に向かう独行の漁船を発見した。私は訓練のつもりで、その漁船の後方五〇〇ヤード（四六〇メートル）につけるよう、まだ操艦にあまりなれていない若い幹部に指示をした。若い幹部が必死で操艦する傍らで、衝突だけはさせないように気をつけながら、のんびりと見ていた。舵を切るタイミングもなかなかうまくいき、漁船の後ろにスムーズに滑り込んでいった。

やがて、目の前に漁船の船尾が迫ってきた。すると、なんと、漁船の船尾に縦の線が入っていた。船尾が観音開きで開く構造になっていたのだ。ということは、そこから小舟（工作船）を出すことができる。そんな漁船があるわけない。これは、間違いなく北朝鮮の不審船だ。しかも、日本人を数多く誘拐してきた工作母船だ。

このやろう、拉致船じゃねえか！

私の脳裏に、観音開きの扉の中へ、無理矢理引きずり込まれる日本人の姿が浮かんだ。血液が逆流するような、どうにも抑えきれない激しい感情がわき起こった。

「どけ！　機械、舵よこせ」

操艦に夢中でこの状況に気づいていない若い幹部から、操艦の権限を奪い取った。突然、操艦の重圧から解放された若い幹部はわけがわからないという顔をしていた。

私は、艦長へ報告するため電話をとった。受話器を耳に当て、ブザーボタンを押すと、すぐに艦長が出た。

「はい、艦長」

「艦長、見つけました。目の前にいます」

「ガチャン、ガチャン」

艦長は受話器を放り出したようだ。了解と答える間も惜しかったのだろう。

トトトトトトトト。艦長が五階下の艦長室から、ラッタル（階段）を全速で駆け上がってくる音が聞こえてきた。続いて、ゼーゼーと息を切らしながら艦長が現れた。

「どっ、どいつだ」

「これです、目の前です」

「TAOに船名を言って、保安庁へ通報させろ」

TAOとは、Tactical Action Officerの略称で、艦長から戦闘行動の全権限を委任されている者だ。この時は、二名の幹部が指名されており、交代で勤務に就いていた。

ほどなく、TAOから報告があがってきた。

「TAOから艦長へ、正規に登録してある『第二大和丸』は現在、瀬戸内海で操業中ということが判明しました。したがって、その船舶は擬装船ということになります。まだ、保安庁から要請はありませんが、保安庁とすれば対処しなければなりませんので、位置情報が欲しいはずです。本艦は、追跡し、位置情報を流してやるべきですが、敵が丸腰のわけがないので、現在の相対位置を維持するのが適当です」

「アグリー（同意する）」

艦長は、うなずきながら小さい声で答えた。ただ同意するだけだった。TAOからの報告に無駄がなく、必要な情報とあるべき助言が凝縮されていたからである。なんとも心地いいTAOの対応だった。

そして、しばらくすると、

「不審船に乗り込む海上保安官たちが、大阪から新潟へ航空機で移動中。新潟から高速巡視船で追ってくる」

という連絡が来た。私は、航海指揮官を交代し、「みょうこう」の艦首部へ行った。こちらの艦橋からは死角になっていて見えなかった、工作母船の船橋内を確かめたかったからだ。観音開きの扉に気づいた時の興奮が収まらない私は、どうしても北朝鮮の工作員をこの目で見たかった。

艦首に着くと、「みょうこう」の左舷前方を進む工作母船の船橋右舷の窓が何とか見えた。船橋内を見渡せはしなかったが、窓まで人が来れば見える位置関係だった。すると突然、緑の服を着た男の横顔が窓の中に現れた。

こっちを見ろ、見てみろ、目で殺してやる！

殺気に気づいたのか、その者は何気なく右後ろを振り返った。私と目が合った。なのに、観音開きを発見した時以上の激しい怒りがわき上がってくるはずが、まったくわいてこなかった。怒りどころか、久しぶりに旧友と再会したかのような切なさを覚えた。

おそらく、向こうも同じ感情だったはずだ。なぜならば、お互いの視線にトゲも何もなかったからだ。ふた呼吸ほど見つめ合った後、彼は視線を前に戻した。

何でだ？　いいのか？　日本人を拉致している最中かもしれない奴だぞ！

私は、戸惑いを覚えながら、感じていた。あいつからは、自分と同じ匂いがしていた。生まれた国が同じだったら、きっと一緒に仕事をしていただろう。あいつだって、公に殉じようとしている。だからあんな目なんだ。あの国の状況の中で自分の中に使命と正義を見いだそうとしている目だった。

公に殉じるなんて考えたこともなさそうな北朝鮮の将軍様と、公よりも私欲を優先していそうな日本の政治家の命令で、俺たちは、殺し合いをするのか……。日本人をかっさらっている最中かもしれない相手に、一瞬だが情を感じてしまった。

一〇万馬力全力航行

日没直前の十八時頃、ようやく巡視船が追いついてきた。

工作母船に乗りこむべく、「みょうこう」を追い越していく。巡視船を見ると、若い海上保安官たちが、工作母船に飛び移るためにヘルメット、救命胴衣を装着し、甲板上に並んでいた。麻薬犯を捕まえるのとはわけが違うはずなのに、同じやり方だ。

乗り込んだ工作母船は、最後は自爆するだろうに、あれで行っちゃうのかよと思った。

若い海上保安官の顔を見て気の毒に思った。それは、武器を使って相手の意志をねじ伏せに行く者の顔つきでは到底ないように見えたからである。

向こうには、さっき目が合った者たちが待ち構えている。とても勝負になんかならない。海上保安官のレベルが低いということではなく、任務が違う。

向こうは戦闘員、こちらは海上保安官（海の警察官）だ。こちらは説諭、説得をして、投降を促し、犯罪を未然に防ぎ、事件を速やかに解決する役目の人たちである。しかし、向こうは、北朝鮮政府の軍事訓練を受けた軍人なのである。ものが違う。

そこに行かせちゃうのか。違うだろう。とんでもない間違いが、現場で純粋に生きる若い命を犠牲にして行われようとしていると思えた。

巡視船は、日没直前のオレンジ色に輝く水面《みなも》を切り裂きながら、恐ろしいくらい静かに近づいていった。

若い海上保安官がまさに飛び移ろうとしたその瞬間、工作母船は大量の黒煙を噴き出した。増速し、巡視船を振り切ろうとしているのだ。

突然、洋上での逃走追跡劇が始まった。私は、ほぼ反射的に、一二ノットだった速力を一八ノットにするため、「だい、いっせん、そーく（第一戦速）」と下令した。

巡視船も急速にスピードを上げ、甲板上の保安官たちは船体の動揺と向かい風で立っていられなくなり、這うように船内に戻った。私は、マイクを通じて艦内に状況を伝達した。

「達する。工作母船が急加速をして巡視船を振り切ろうとしている。本艦は、工作母船を追尾するため、ただいまから高速航行を行う。総員、動揺に注意。別令あるまで、上甲板への立ち入りを禁止する。繰り返す、別令あるまで、上甲板への立ち入りを禁止する。以上」

「キーーン、キーーン」

二万五〇〇〇馬力のガスタービンエンジンを起動する際に発する、特有の甲高い金属音が聞こえてきた。それもふたつだ。イージス艦はエンジンを四機搭載しており、通常は、二つでも十分な速力がでるため残りの二機は起動させていない。マイクを入れて間もなく、艦橋のスピーカーから機関長の声が響いた。

「機関長から艦長、航海長へ。エンジン全機起動した。一〇万馬力全力発揮可能」

これが、海軍伝統の無声指揮である。先ほどのTAOの行動にしろ、この機関長の行動にしろ、状況さえ伝わっていれば、自分は何ができて、何をすべきで、何をする権限があるのかを考慮し、アクションを起こす。艦長には、「××を行う」若しくは「××を行った」という報告のみが届き、艦長は頷いているだけでことが進む。この連携は、一朝一夕にできあがるものではない。世代を超えた積み重ねが必要である。

一八ノットで追いかけながら、しかし、どういうわけか、工作母船との距離が離れていくような気がしていた。あんな木造漁船が一八ノットに急加速できるわけがない。だが、距離が離れている気がする。

そんな時にまた、工作母船は、大量の黒煙を噴き上げた。更に増速しようとしている。

私は、そっちがその気なら、一〇万馬力の威力を見せつけてやろうと思った。というより、自分が見てみたかった。長年、海上自衛隊で勤務してきたが、一〇万馬力のエンジンを全力航行させた経験のある者なんか聞いたことがない。

「艦長、奴の前に出ます」

「よおし、行け、行け、出ろ！」

艦長は、全身からアドレナリンを溢れさせながら、右手を二回続けて前に振り下ろし、前方を指さしている。私は、全力航行させるための号令をかけた。

「さいだいせんそーく（最大戦速）」

下士官が復唱しながら、ガチャン、ガチャン、ガチャン、ガチャンとスロットルレバーを前に倒し込んだ。その瞬間、一〇万馬力が一気に推進力に変わり、立っていた私は後ろに倒れそうになった。空ぶかしをしている車のエンジンに、一気にクラッチを繋いだような衝撃だった。

艦はあっという間に工作母船を追い越し、相手の左船首を押さえるような位置についた。しばらくすると、巡視船から連絡がきた。

「ただ今から、威嚇射撃を行います」

またしばらくすると、パラパラと上空に向けて、明らかに小さい口径のものが打ち上げられた。これは試射だ。いつ本射が始まるのかと待っていると、

「威嚇射撃終了」

との連絡が聞こえた。あれは本射だったのだ。あんなものじゃ、まったく威嚇にはならない。そう思っていたら、また連絡がきた。

「海上自衛隊護衛艦『みょうこう』、こちらは、海上保安庁巡視船『×××』です。本船、新潟に帰投する燃料に不安があるため、これにて新潟に帰投致します。ご協力ありがとうございました」

ありがとうございました？　帰投？　燃料に不安？

私は、巡視船が言っていることを理解するのに、しばらくの時間を要した。

お前ら、気は確かか！

航空機ならまだ判る。が、船は燃料が無くなったって沈むわけではない。日本人が連れ去られているかもしれないその現場で、背中を向けて帰るのか。燃料がなくなろうが、泳いででもこの世の果てまで追いかけるのが普通だろう。「ありがとうございました」と礼を言う前に、「連れ去られている日本人を見捨てて、帰投することにした本船を、日本国民の名において撃沈して下さい」と言え！

工作母船の船尾を見た時は、血液が逆流するような怒りを感じたが、その怒りを通り越して血液が沸騰しそうだった。

海上警備行動が発令されない限り、警察官職務執行法が適用されない自衛官には、工作母船に乗り込む権限はないのだ。その権限を保有しているのは、自分たち海上保安官だけなのに、なぜ平然と帰ることができるのか。

日本人が拉致されている最中の船に背を向けて帰る巡視船なんぞ、その役に立たない警察官職務執行法と一緒に沈めてしまった方がいいと思った。

海上保安官達が抱えていたであろう事情をおもんばかることなど、できなかった。そんな器が、私にあるわけがなかった。

初めての海上警備行動

「みょうこう」は、三〇ノットを超える高速で工作母船との相対位置を維持しながら、日本海を北に向けて突っ走っていた。日没から一時間以上が経過し水平線は見えなくなっていたが、西の空には三日月があり、工作母船を照らしていた。

しかし、あと三時間もすれば、月も沈み、星明かりだけの闇となる。水平線に沈んでいく月は、なんとも、もの悲しい。

私は、やりきれない気持ちで艦橋から降りて私室に行き、裸足にサンダル、上はTシャツという投げやりな格好で食堂に降りて行った(出港後は、靴を脱ぐことも、上着を脱ぐことも禁止されている)。食堂の自動販売機でコーラを買って飲んでいると、航海長なら何かを知っているんじゃないかと、乗員が次々に寄ってきた。

「どうなるんでしょうか?」

「知らねえよ」

「いつまで追うんですか?」

「わかんねえよ」

　ぶっきらぼうに答えていると、副長の艦内放送が流れてきた。

「達する。現在、官邸内において、海上警備行動の発令に関する審議がなされている。発令されれば、本艦は、警告射撃及び立入検査を実施する。以上」

　私は反射的に「そんなもの、通るわけがない」と思った。食堂にいた乗員にも断言した。

「日本の腰抜け政治家にできるわけがない。海上警備行動ということは、俺たち自衛官に警察官職務執行法の権限を与えるということだぞ。自衛隊発足以来、一回もないんだぞ。発令するわけがない」

　すると、突然、「カーン、カーン、カーン、カーン」とアラームが鳴った。アラームは、総員を戦闘配置につけるためのものである。同時に、再び副長の声が流れてきた。

「海上警備行動が発令された。総員、戦闘配置につけ。準備でき次第、警告射撃を行う。射撃関係員集合、ＣＩＣ（戦闘行動をコントロールする戦闘指揮所）。立入検査隊員集合、食堂」

　艦内は、蜂の巣を突いたどころではない騒ぎになった。風呂からは泡だらけのまま、食事中の者は食べかけの食器を盆ごと放り出して、それぞれの配置へ全力疾走し始めた。私は、艦橋に向けて全力で走り始めた。

さっさと移動しないと、艦内の各部にある隔壁（防水扉）がどんどん閉鎖されていく。それらは、戦闘によって海水が浸入しても拡散しないように、アラームが鳴ったら閉鎖することになっているからだ。サンダルから靴に履き替える時間も上着を着る時間もない。

私は、どうして出港したら靴を脱いではいけないのかを身を以て理解しながら、ラッタルを駆け上がっていた。やっと艦橋に到着し、航海指揮官を交代すると、すぐに全乗員の戦闘配置の完了報告がきた。

「艦長、艦内各部戦闘配置よし、非常閉鎖としました」

「了解」

わずかな明かりの中で見えた艦長の横顔は、今まで見たことのない顔つきだった。こわばっていて、不安と緊張が全身から滲み出ているようだった。

これが指揮官なんだ。もの凄い重圧をたった一人で受けている。

艦内のすべての指揮権を持っているということは、すべての責任を一人が負うということである。艦長の顔つきを見て、この時ばかりはこの男を、全身全霊で補佐しようという気持ちになった。生まれて初めて、生身の人間に忠義を誓った。

艦長に対しては、正直、上官として尊敬していたわけでも、人間的に魅力を感じていたわけでもなく、むしろ逆の感情の方が強かった。しかし、想像を絶する重圧の中、いちぶの邪心も保身もなく、ただひたすらに無言で任務をまっとうしようとする姿は、「統御」を体現していた。

幹部学校でたまたま教官という配置についた者が唱える台詞は、実のない美辞麗句ばかりだが、それとは正反対だった。「統御」とは、もっとシンプルで簡単なことだった。指揮官が、うそ、ごまかし、背伸びなしに、ただひたすらに任務をまっとうしようとすれば、組織内の各個人は、自ら「指揮」されようとする気持ちがわき上がる。

一方、「みょうこう」の副長以下は、みな仲がよかった。最新鋭のイージス艦ということもあり、米海軍への留学経験者も多く、優秀な人材が集まっていた。私自身、幹部同士でも下士官とでも、上陸しても一緒に居たし、よく酒を酌み交わした。同僚であっても部下であっても、多くの者に人として魅力を感じていたし、尊敬の念も持っていた。

そういった人間関係と、一緒に過ごした時間の積み重ねは、細かい説明、指示、会話の必要がない世界を生んだ。ヘッドセット越しの声で、相手が何を考えているのか、何に困っているのか、自分に何を求めているのか、手に取るように理解できた。

この経験が、後に創設された特殊部隊の隊員に、より高度なチームの一体感を求めさせた。特殊部隊員同士は、生まれてきた理由も、生きている目的も、命より大切にしているものも、すべてが一致している。それは、ただただ任務達成なのである。その任務を何がなんでも成し遂げようとしている時、意思疎通に言語を必要としなくなる。特殊部隊では、銃撃戦の最中であろうと、漆黒の海の底であろうと、仲間に自分の心中をさらけ出し、仲間の心中を想い、仲間の心中を感じようとする姿勢が、どんな技術よりも体力よりも必要とされる。

警告射撃開始

話を、戦闘配置が完了した直後の艦内に戻す。

艦長は、軽く閉じていた目をパッと開け、押し殺した声で戦闘号令を流し始めた。

「戦闘右砲戦、同航のE（エコー：このときは工作母船をそう呼んだ）目標」

私は慌てて、航海長の職務として復唱した。

「せんとう、みぎ、ほーせん……」

艦橋の前にある、一二七ミリ単装速射砲が急旋回し、一瞬で工作母船を指向した。同時に艦橋の上にある射撃管制用レーダーがうなりだし、工作母船に対して、ペンシルビームの電波を発射し始めた。そしてすぐにガクンガクンと激しく動いた。捕らえたのだ。射撃管制用レーダーが工作母船を捕らえ、ロックオン（自動追尾）状態になった。

もう絶対に逃れることはできない。工作母船内では、ロックオンされたことを知らせる警報装置が、けたたましい音をあげているだろう。

一方、「みょうこう」の艦内は静寂そのものだった。艦長の号令だけが響き渡っていた。

今、工作母船を指向している主砲には、一二七ミリ炸裂砲弾がいつでも出て行ける状態で装塡されている。武器システムというものは、当たるように作ってある。これから行うことは警告射撃なので、そのシステムに「調定」を加え、あえて外すわけだが、調定に入力ミスがあれば確実に命中する。

装塡されているのは、炸裂弾だ。命中しなくても、ターゲットの近くを通過するだけで炸裂する仕組みになっている。炸裂すれば、工作母船などひとたまりもない。誘拐され、乗船しているかもしれない日本人もろとも、木っ端微塵となる。

とうとう、訓練ではない射撃が始まった。何の滞りもなくスムーズに事が進んだ。

まさに訓練の賜だが、同時に、それだけではないとも思った。訓練は試しの場、助言、進言があり、新しいやり方に対する挑戦、発案がある。だが、本番にはそれらがない。誰もが、余計なことを考えず、自分の持ち場だけに集中できる。とにかく指示に従い、定められたことを、定められたように実施すればいい。本番は、シンプルで楽なのである。

しかし、そうはいかない立場の者がいる。艦長と、一部の幹部だ。初めて遭遇する事態で何をどうするのかを決めなければならない。その場で考えて、決めるのである。

北朝鮮の工作母船を停止させるのに、一二七ミリ炸裂砲弾をどこに着弾させるのかも、その都度考えて決めるのだ。下手をすれば、歴史の教科書に載ってしまうようなことが起きてしまう。その最も重要かつ困難で、誰もやったことのないことは、すべてたった一人の男の判断で実行される。

「初弾、弾着点、後方二〇〇《ふたひゃく》」

艦長が命じた。工作母船の後方二〇〇メートルに着弾させるよう、わざとずらせという意味である。すぐに砲術長から、ヘッドセットを通じて報告がきた。

「調定よし」

私は、復唱し、艦長に報告した。

艦長は、正面を向いたまま、私を諭すように言った。

「航海長、砲術長に調定を再度確認させろ」

「調定値の再確認を行え」

私は、砲術長に伝えた。

「調定値の再確認終わり。異状なし」

という報告に引き続き、ついに砲術長からの最終報告が来た。

「主砲目標よし、射撃用意よし」

これで、艦長が「撃ち方始め」と言えば、一二七ミリ炸裂砲弾が人の乗る工作母船の至近距離に飛んでいく。砲術長からの最終報告を復唱し報告すると、艦長は、目をつぶったまま大きく頷いた。そのまま、腕組みをして下を向いていた。

静寂が続いた。ついに艦長は、目をつぶったまま、腕組みをしたまま、下を向いたまま、言った。

「撃ち方始め」

私は、復唱した。

「うちーかた、はじめー」

ダーン。大音響とともに炸裂砲弾が発射された。

「間もなく弾着。だーんちゃく」

工作母船の付近に火柱が上がり、直後、漆黒の海面に真っ白で巨大な水柱が立った。私は火柱で目がくらみ、十秒ほど何も見えなかった。目が再び闇に慣れてくると、工作母船が見えてきた。

「減速の兆候なし」

私が言うと、艦長は何かが吹っ切れたかのように、すぐに次の指示を出した。

「次回弾着点、前方二〇〇」

また火柱が上がり、巨大な水柱が立った。が、工作母船の動きに変化はない。

「次回弾着点、後方一〇〇」

弾着点を工作母船に近づけても変わらない。

「次回弾着点、前方一〇〇」

止まらない。工作母船は減速の兆候すら見せなかった。

私は、かつて訓練で、弾着点から二〇〇〇メートル離れた地点にいたことがあるが、そこでも砲弾が空気を切り裂いて迫ってくる音、炸裂した時の破壊音、衝撃波たるや、凄まじいものだった。

　それが目の前一〇〇メートルって、どんなことになっているのだろう。しかも工作母船は、巨大な水柱を避けて高速航行している、何という奴らだ。尊敬に近い感情さえ抱いてしまった。

「あいつら、ぶち当てなきゃ止まんねえ」

　艦長が思わず、そんな言葉を漏らして次の指令を出した。

「次回弾着点、後方五〇」

　五〇メートルという距離は、炸裂砲弾の持つ破壊力を考えたらギリギリである。私はそのまま復唱できなかった。私が復唱しなければ、艦長の命令は伝達されない。

「五〇ですか？　五〇は、近いです」

　そう言うのが精一杯だった。進言すべき代案がなかったからである。どうしたらいいのか、さっぱり判らなかった。しかし艦長は、刺すような視線と声で再びゆっくりと言った。

「次回、弾着点、後方、五〇！」

　私は、復唱した。

「じかい、だんちゃくてん、こうほう、ごじゅう！」

ダーンという発射音の直後に、炸裂音が鳴り、火柱と水柱が立った。それでも工作母船は止まらなかった。

「苗頭正中、遠五〇」

「次回弾着点、前方五〇」

これもあまりに近いが、私は何も言えなかった。

ダーン。この大音響とともに、私の中から一切の音がなくなった。

交通事故などに遭った人がよく言っているが、人間は生命の危機が迫っていたり、極度の緊張状態に陥ると、高速回転した脳が異常な情報処理能力を発揮し、信じがたい視力や嗅覚を引き出すのかもしれない。すべてがスローモーションになり、見えるはずのない砲弾が見えている気になった。

どこを飛んでいるのかが見えていたし、工作母船に迫り来る弾着のタイミングもなぜか判っていた。見えるわけがないが、私の脳には確かに、その映像があった。砲弾は、工作母船の前方五〇メートルぴったりに着弾し、その瞬間、工作母船の船橋部窓ガラスはすべて吹き飛んだ。一瞬遅れて発生する巨大な水柱を避けて工作母船は進んでいるが、たまりかねて減速した。そのように見えた。

「減速の兆候、工作母船、減速の兆候」

思わず叫んだが、さっきの窓ガラスが吹き飛んだ情景が物理的に見えるわけがないことは判っていたので、自分の知覚に自信がなくなってきた。

艦長から、「止まるのか？　止まりそうか？」と聞かれ、たまらずこう答えた。

「減速の兆候、元へ、速力変わらず。止まりません」

工作母船の乗組員と目が合った際に覚えた共感に近い感情は、もはや畏怖の念と言えるものになってきた。

……おまえら人間じゃねえ。俺には見えてるんだよ。今、窓ガラス吹っ飛んだろ。止まってくれ。いつまでも正確な射撃が続くとは限らないんだ。次は当たっちまうかもしれない……。

次はどうすればいいのか。五〇メートルより近い着弾は絶対に無理だ。じゃあ、いったいどこに着弾させればいいんだ。自分には皆目見当がつかない。

艦長だけが、孤軍奮闘している。誰も補佐ができなかった。

副長も船務長も当然自分も「次回、××に弾着させるのが適当」と艦長に言ってあげたかった。ぞうきんを絞るようにして脳から名案を捻り出そうとしたが、結局何も浮かばなかった。だから、全員無言だった。

そんな中、艦長の口から次の弾着点が命ぜられた。

「次回弾着点、苗頭正中、遠五〇」

工作母船の船体中央部の遠方五〇メートルに着弾させよ、という意味だ。数キロ離れた工作母船の、船体のど真ん中を飛び越えさせて、その五〇メートル向こうに弾着させるなんて、野球のフォークボールなみの弾道を描くことに等しい。不可能である。私に復唱できるわけがなかった。

「むりむりっ、艦長、無理です。びょうどう、せいちゅう、無理です。当たってしまいます。無理です」(※海上自衛隊では「びょうどう」と発音する)

代替案もなしに指揮官の出した結論を否定するのは、心苦しいことだったが、だからといって、無理なことを肯定するわけにはいかなかった。

「じゃあ、どうやったら止まるってんだ!」

艦長は、静まりかえった艦橋で激しく怒鳴った。

「それでは当たります。当たってしまえば、確実に沈みます。中にいるかもしれない日本人ごと沈みます」

しかし艦長は、低く静かな声でゆっくりと私を脅すようにこう言った。

「びょうどうせいちゅう、えんごじゅう!」

最後の「ごじゅう」は、一気に吐き出すような命令だった。

「無理です。当たります」

「いいから、復唱しろ」

「復唱できません」

「復唱しろ」

「艦長、無理です。当たります。当たれば、確実に沈みます」

「貴様、命令だ、黙って復唱しろ」

「復唱しません。絶対にしません」

「伝えろと言ったら、伝えろ。意見具申なら、それから受ける」

艦長の心の叫びが聞こえるようだった。「意見具申なら、それから受ける」。これが精一杯だったのだ。艦長は、「(あげちまった拳を下ろさせてくれ!)」と心の中で叫んでいた。

誰もやったことのないことを、たった一人でやり続けていた艦長の理性が限界に近づいていた。逃走する北朝鮮の工作母船を炸裂弾による警告射撃で停止させるなんて、誰もやったことがないのだ。

今、艦長に拳を下ろさせて、一息つかせてあげられるのは、CICにいる副長と船務長だけだ。私は、ヘッドセットに向かって、やや、ゆっくりと伝えた。

「次回、弾着点、苗頭正中、遠五〇」

すると、副長と船務長が同時に怒鳴ってきた。

「びょうどう、せいちゅう？　バカか、できるわけねえだろ、駄目だ、絶対駄目だ、当たっちまうに決まってんだろ、駄目だって言え！」

二人の言葉は全否定だった。それをそのまま復唱して艦長に伝えられるわけがない。私は、何も言えなかった。目をつぶって祈るように念を送っていた。感じてくれ、艦橋の状況を判ってくれ、ここにいる兵隊は、みんな今にも小便ちびりそうなんだ。艦長が拳を下ろせる理屈を考え出してくれ……。

艦内のすべてが、静寂に包まれていた。私には、副長と船務長がコンソール（タッチパネル式の操作盤）に肘をつき、頭を抱えて必死で考えている姿が見えていた。ふたりの脳がうなりをあげて高速回転している音が聞こえていた。

何呼吸した後だっただろうか。私の祈りが通じたのか、副長がわずかに説得力に欠ける内容ながらも「苗頭正中、遠五〇」を回避すべき理由を考えてくれた。

「現在の射撃の安定度を見れば、ご指示の弾着点も不可能ではありませんが……×××が×××なので……よって、次回弾着点を後方一〇〇とさせて頂きたい」

副長の意見に艦長は大きくうなずき、同意した。拳を下ろすことができた。

この時私は、艦長の理性消滅を案じていたが、実は私の理性も消滅しかかっていた。それが証拠に、その後も何発も警告射撃を実施したのに、記憶がごっそり欠如している。

特殊部隊は不可欠だった

記憶の続きは、レーダー解析員が伝えてきたこの言葉からだ。

「工作母船、減速の兆候」

私の視認よりも、レーダー解析員が先に気づいていた。ハッとして見ると、確かに工作母船が減速している。「みょうこう」も一気に速力を落とした。しかし、全長一六〇メートルの鉄の塊は、急には止まれない。スクリューを止めても、まだ足りなかったので、さらに後進をかけた。

「両舷後進半速」

これでやっと「みょうこう」は、日本海のど真ん中で停止した。

そして、本章の冒頭で描いた状況に入る。

「止まっちまった」

と私が戸惑い、『少年マガジン』を胴体に巻いた彼らが〝わたくし〟を捨て切った美しい表情で敵陣に向かって行った。私は、

「これは間違った命令だ」と考えていた。

幸いなことに、あのときは、彼らの出撃直前に、工作母船が再び動き出した。そう、たまたま「立入検査」は実施されなかったのだ。

工作母船はそのまま逃走を続け、北朝鮮の領海に逃げ込んだ。日本は、工作母船を取り逃がした。

作戦中止命令が発令され、私は、一九九九年三月二十四日六時七分、「面舵一杯」を下令した。日本人を拉致している最中なのかもしれない北朝鮮工作船の追跡を断念し、あの時の巡視船と同様に工作母船に背を向けた。

「みょうこう」艦橋左舷に消えていく工作母船の船影は、私の脳裏から一生涯消えること

はない。

この能登半島沖不審船事件をきっかけに、海上自衛隊内に防衛庁（当時）初の特殊部隊を創設することが決定した。

事件がおきた年のうちに特別警備隊準備室が設置されたのだが、それは私の強い願いでもあった。

あの日、我々は、任務を完遂できる可能性がゼロなのを何人もの者が知っていながら、若者たちを工作母船の立入検査に投入しようとした。その当事者たる彼らは、すっきりと不思議な満足感に満ちた目で行こうとしていた。日本は、そういう目で死地に赴く若者を、二度と出してはならない。そのために特殊部隊は不可欠だった。

想像や推察ではなく、特殊部隊を創設しなければならない本当の理由を、私の目が、耳が、この身体全体が知っている。普通の人生観を持つ者でも突入だけならできるが、特別な人生観の持ち主でなければ、その任務を完遂することはできない。

特殊部隊員に必要なのは、覚悟でも犠牲的精神でもない。任務完遂に己の命より大切なを感じ、そこに喜びを見いだせる人生観だ。

足感と充実感と達成感のために己の生命を投げ出せる者を集め、育て、研ぎ澄ませておかなければならない。この国が本気で特殊部隊を創ろうとするならば、絶対にその観点を外してはならず、そのことを痛切に感じた者である私の活用も絶対に必要だ。

事件以来、私はひたすらそうした特殊部隊への配属を熱望し、思いは叶った。

そして、突入現場での責任者として、創隊から足かけ八年間、海上自衛隊の特別警備隊に在籍することとなった。

その後もずっと「特殊戦」の世界に生きている。だから、あの能登半島沖不審船事件が私の人生を変えたともいえる。

だが、よくよく正直に自分を問うていくと、実は、生まれた時から、いや生まれる前から、それは決まっていたことのような気がしている。

私は別に運命論者ではないが、あの事件に立ち会ったのは偶然ではなく、自分が欲していたからではないのか。そう考えたほうが腑に落ちる。

北朝鮮の工作母船に乗り込んで自分の命がどうなろうと拉致された日本人を救出するような、そうした任務に向いている者はちゃんといる。それはどんな人間で、どう見分ければいいのか、私には判る。

なぜそんなことを断言できるのか？

その答えは、私の生い立ちにある。

毎週日曜の父の射撃訓練

昭和二年、一九二七年生まれの私の父は、陸軍中野学校の軍事訓練中に、初代中華民国総統・蔣介石の暗殺命令を受けた。そして何と、終戦の五か月前に軍籍を抜かれ、以後民間人として生きるよう命ぜられ、終戦を迎えている。だから戦後も一般人として普通に勤務し、普通に結婚し、普通に生活していた。しかし「暗殺命令は却下されていない」と、一九七五年に蔣介石が台湾で没するまでの三十年間、父は、いつでも作戦行動がとれるように準備と訓練を重ねていた。

私は、物心がついた四歳の頃から、毎週日曜日になると、近所の廃墟のようなビルに連れて行かれた。私の役目はいつも同じだった。廃墟ビルの外壁についている垂直はしごをよじ登って、二階の高さあたりにタコ糸の一端を縛り、地上に降りてくる。それから、もう一端にこぶし大の石をくくりつけ、振り子のように揺らすことだった。

そして、その近くの地面に座って揺れる石を見ていると、いつも微かな発射音の直後、石が原形のままボトンと落ちた。射撃姿勢を崩した父が身振りで指示をするのに従い、私は、切れたタコ糸の先端に再び石を括りつけ、また、揺らした。父は、二五メートル離れたところから、揺れる石ではなく、糸を、エアーポンプ式のライフルで立った姿勢から撃っていた。

私は、自衛隊退職後、日本をはじめ各国の軍隊、警察に射撃を教える立場になったが、二五メートル先の揺れている糸を立射ちで命中させることなど絶対にできない。

父は、一日に二発しか撃たなかった。何百回となく射撃訓練を見たが、父はただの一発も外したことはない。普通に考えたら、できる／できない、ではなく、ありえない話である。しかし、世の中には、ありえないことをする、普通ではない人が存在していて、そして、それは私の目の前で繰り返されていた事実だった。

五歳の時、私は勇気を出して父に聞いた。

「お父さんは、鉄砲が上手だね、お仕事なの？」

「銃は本番では使わん。得意なのは、毒殺と爆殺だ」

五歳の私には、本番という意味も、毒殺という意味も、爆殺という意味も、まったく理解できなかった。

「なんで鉄砲撃ってるの？」

「集中力かな。一瞬のタイミングを逃さない勘がなくならないようにしてるんだよ」

「僕はしなくてもいいの？」

「要らないんじゃないか」

「なんでお父さんだけなの？」

「わしはな、昔、ある人の暗殺命令を受けてな、そのまま戦争が終わっちゃって、その命令が取り消されてないんだよ。練習してないと『明日行け』って言われた時に困るだろ」

「誰がお父さんに行けって言うの？」

「誰かは、知らんけどな。行きますって答えたまんまだし、言われたら困るだろ」

「言われないんじゃないの。困んないよ、きっと」

「戦争はな、どうしても譲れないものがあるからするもんなんだよ。それを取り戻すまでは止めないんだ。終わったふりも、負けたふりもするけどな」

「……それじゃ、また言われるかもしれないね」

子供ながら、これ以上、話をしても無駄だと思った。物分かりのいいふりをして会話をやめた。

終わらない戦い

父が十八歳の時に戦争は終わった。

却下命令がなかったため、暗殺の対象である蔣介石が病死するまでの三十年間、父は訓練を続けた。ならば、蔣介石の死をもってようやく戦いから解放されるはずが、父は解放されなかった。その日以来、射撃訓練をすることはなくなったが、重石が取れたように、晴れ晴れとしたようには、ならなかった。

「戦うも亡国、戦わざるも亡国。戦わずしての亡国は、魂までも喪失する民族永遠の亡国なり。たとえ一旦、亡国となろうとも、最後の一兵まで戦い抜けば、我らの子孫は祖国護持の精神を受け継いで、必ずや再起三起するであろう」

当時十四歳の父は、開戦直後にラジオから流れたという永野修身（第十六代軍令部総長）の言葉で〝生き方〟と〝死に方〟を決めたと話した。

その話を聞いたのも私が五歳の時だったが、意味が判るはずもなかった。ただ、自分が生まれる前に終わったはずの戦争を、まだやっている人が目の前にいるということに驚くばかりだった。

大人になってからも、私には父の真意が見えていなかった。五歳のあの日の父との会話は、今でも昨日のことのように蘇るし、その後の私の人生に今でも大きな影響を与え続けている。しかし、かつての私は、暗殺命令に納得して実行することを「自分で」決めた父の潔さと、その時の気持ちを三十年持ち続けたこと、そして単に射撃技術の高さに感心する程度だった。

「戦争は、どうしても譲れないものがあるからする」

父にとって一九四五年八月十五日とは、武によって国家理念を貫くことを諦めた日に過ぎない。国家理念が間違っていたというわけでも、どうでもよくなったわけでも、屈服したわけでもない。経済力、技術力、あらゆる手段によっていつか、邪魔するものをはねのけ、再び自国が信じた理想像を目指そうとしたにすぎない。

父が今もって解放されないのは、当時の日本人が信じた国家理念が、ろくな総括もないまま、いつの間にか全否定されるようになっているからである。

日本は、現在、国として何を理想としているのかをはっきりさせていない。国際協調も大切で、国連もいいだろう、しかし国連憲章に従って国の針路を決めるわけではない。独立国として目指すべき理想は、過去に縛られてばかりではいけないし、戦争に負けたことを前提とする必要もない。ましてや、断じて、決して他国に委ねるものでもない。

ただただ、現代を生きる日本人が日本人として何を望むのかを突き詰めて決めるべきものである。

日本が再び理想を掲げ、それを貫こうとするのなら、それがたとえ以前と異なるものだとしても、父は解放されるであろう。そういう日が再び来るまで父の戦いは続くのである。そしてそれは、世代を超えて継承されていく。

死刑になるくらいでやめるな

小学校四年生のある日、私は父とテレビのワイドショーを見ていた。討論形式で進行していた番組の終わり近くになって、司会者が参加者に「一言ずつお願いします」と促した。すると、最後にマイクを手にした人が、普段と変わらぬ表情で言った。

「まもなく、私は日本を発ってブラジルへ行きますが、その前に、おい、そこの色眼鏡、お前を殺す」

番組は生放送で、司会者はもちろんのこと、テレビの前にいた日本中の人が凍りついたはずだ。私も、凍りついた。

「父さん、今、殺すって言ったよね」

「言ってたな」

「人を殺しちゃいけないよね」

「まあな」

「人を殺したら死刑になっちゃうよね」

「そうだな」

「死刑になったら、駄目だよね」

「駄目ってことはない」

「でも、人を殺しちゃいけないよね」

「いいことじゃない」

　ふいに父の表情が変わった。

「それより、お前は死刑になるからってやめるのか？」

「え……」

「死刑になるくらいでなぜやめるんだ。死刑になろうが、なんだろうが、やらなきゃならないことってあるだろ。死刑になるくらいのことでやめるな。やれ！」

　小学校四年生の私にとって、死刑になるようなことは、この世で一番やってはいけないことだった。なのに、いきなり父親に、死刑なんか大したことじゃない、みたいに言われ、混乱しながら、大きな誤解をした。

あの時から私は、「命の価値ってそんなもんなのか」という誤解と、「やりたいことをやっちゃっていいんだ」という誤解で生きてきたところがあったように思う。

もちろん、父の本意は「命の価値など軽いものだ」ではなく、「尊い命を失ってでも、実行しなければならないことがあるはずだ」ということだった。そして、「やりたいことを好きなようにしろ」と言ったのではなく、「罰則の軽重ではなく、それを実施する必要性の有無によって、やるべきことを決めろ」と言っていたのである。その結果、やるべきだと思ったのなら、究極の罰則である死刑が科せられようと、尊い命を賭してでも「やれ!」ということだった。

しかし、十歳かそこらの私には、大変難しく、短絡的で安易な理解になってしまったのも致し方ないことだったように思う。

生きる目的のために生命を断つ

このように、まずは二つの「誤解」と共に幼心に刻まれた父の言葉は、その後、私の思考や行動に大きな影響を与えることとなった。

昭和三十九年、一九六四年生まれの私が受けていた学校教育で、最も重要なことは、何かを「やってみたい」とか「やるべきだ」ではなく、これという理由も説明されないまま一流と言われる企業のサラリーマンになることか、そういう人のお嫁さんになることだった。逆に、最も愚かなことは、その生き方を疑うことであった。

「日本は、勝てないのに戦ってしまった国であり、価値観、生活習慣はもちろん食文化さえ変えなければならない」

「国（公）を想うのは戦争に繋がる危険思想で、国（公）への奉仕は騙された人がする馬鹿げた行為」

そういう思想のようなものが、教育のベースにあった。「覚えなさい」と言われたことを覚え、一流企業でサラリーマンになるため有名大学を目指す子供が「いい子」と言われた。その指導に疑問も嫌悪感も持たず、これが世の中なんだと、従順に生きようとする子供がたくさんいた。

私自身も、大勢に流され、自然に湧き上がる疑問も、鼻につく嫌悪感も、封じ込めて、利口に振る舞ってしまおうと思ったことも何度かあった。

しかしそのたびに、この日の「死刑になるくらいでなぜやめるんだ」という父の言葉を思い出した。大人になってからも、それは変わらない。自衛隊に入隊してから、特殊部隊に行ってから、自衛隊を辞めてミンダナオ島に行ってから、そして、今でも思い出す。

最初は、死刑になってでもやらなきゃならないことなんてあるのか、と疑問だったが、そのうち世間体や他人の評価とは別次元で自分の生きる目的を自分の価値観で決めているのなら、それはあり得る、と思うようになった。

生きる目的のために生命を断つことはあるし、そういう生き方は命を軽んじていることと正反対である、とも思った。

その一方で、幼かった私が思いきり勘違いしたように、このような人生観はそこに依拠する者を身勝手で独りよがりな方向に突き進ませる危険性があるのではないか、という疑問もつきまとった。けれども、特殊部隊の隊員たちと過ごすようになると、身勝手で独りよがりに突き進むわけがない気がしてきた。

のんきな性善説だと言われてしまうかもしれないが、自分が自分だけに問うて、それが心の底から正しいと思えて、そのためであれば自分という生き物がこの世から消滅してもかまわないと思えることに、身勝手で独りよがりな〝わたくし〟の入る隙間なんかないのである。もし、それが少しでも入っていたら、心の底から正しいこととは思えないものだ。

もっとも、今の私なんぞ、ふと気を抜くだけで、私利私欲が心の中に入り込んでしまう。それを完全に捨てきれるようになる日は来るのだろうか。判らないが、来たと思える日まで生きてみようと思っている。

「死刑になるくらいのことでやめるな。やれ！」

これが、父の私に対する最初で最後の干渉だった。私の人生で、父に怒られたのはこの一回だけだ。ちなみに、褒められたことは一度もない。

そうだ、軍隊へ行こう

私の人生は、高校生の三年間で百八十度変わったと言っても過言ではない。別の人間になった気がする。それまでは、何に関しても斜に構え、没頭せずにいた。

大きく変わった一番の理由は、なんとしても欲しいものに会ったせいだと思っている。タイトルが欲しかった。

陸上（短距離）で、県のブロック大会三位以内になりたかった。そうすれば賞状が貰える。本気で望んだらそれが叶った。すると、今度は優勝したくなった。それが実現すると、次は県で優勝したくなった。それが叶うと、今度は全国に出たい、ジュニア・オリンピックに出たい。欲しいものはどんどん大きくなっていったが、今思えば結果なんかどうでもいい話であった。

結果より、どうしても欲しいものを手に入れるために、何をどうすべきなのかを真剣に考えたことが財産になったと思っている。

走るとは身体のどこがどう動いているのか？　筋肉の仕組みはどうなっているのか？　何をどうやって食べたらいいのか？

真剣に考えた。〝感覚的に〟とか〝何となく〟ではなく、何がどう機能するのかを納得するまで考えた。

疑問だらけ、判らないことだらけだったが、監督や仲間、様々な人に怒られ褒められ、気がつけばそれなりの結果が出て、日本体育大学の特待生になっていた。

日本体大に行くと今度は、部活動という生半可なものではなく、生活がかかっているプロスポーツ選手のようなものだった。出す結果によって人間の価値が決まるからである。結果次第で将来の人生も大きく左右される。

大学を卒業して、私は海上自衛隊に入隊した。

父の経歴を知る人からは、よく「お父さんに勧められたのか」と訊かれたし、叔母（父の妹）には「体育教員が決まっていたのに海軍に行くのは、兄のせいなんでしょ。可哀想に……」とも言われたが、そういうことではなかった。

在学中はずっと合宿所に住んでいたため、就職を決める前に父と進路の話をしたことはなかった。陸上の短距離選手として、ひたすらタイムを伸ばすだけの学生生活だったので、卒業後は体育教員になるのだろうと父も思っていたはずである。

実際、四年次の秋には、高校の体育教員として就職の内定が出ていた。なのに、私が海上自衛隊に行くことにしたのは、ふと生じた「違和感」と「思いつき」によるものだった。

体育教員になることが決まると、それが高校入学の頃から目指していた道だったにもかかわらず、何か釈然としなかった。年下の高校生にどうのこうの言って、一生終わってしまうのか？　そう思い始めた。何かが違う、スッキリしない、気持ちが入らない。

日が経つほど、「一生不完全燃焼で終わる」という思念にとりつかれ、耐えられなくなってきた。そんな時、母方の祖母が、

「昔は、あなたのように身体だけが丈夫な子は、不良だろうが何だろうが、予科練に行って、ちゃんと国に御奉公できたんだ。今はないから可哀想だ。予科練って言うと、立派な

ところだと思っている人が多いけど、元不良の巣みたいなもんで〝よたれん〟って呼ばれてたんだ」

と言っていたことを思い出した。そして、閃いた。

「そうだ、軍隊へ行こう！」

奉公だか何だか知らないけど、不完全燃焼だけは、絶対にないだろう。スッキリだけは確実にできる。

グラウンドと合宿所しか知らない世間知らずの私は、幼稚な発想で頭が一杯になった。軍人だった父のことは別に考えなかった。それよりも早くスッキリしたくて、閃いた日の翌日に、さっそく自衛官募集事務所を訪ねた。

募集事務所で採用の話を聞いてみると、「君は大卒だから幹部候補生だ」と言われた。

頓珍漢な決心

合宿所に帰り、募集事務所で貰ったパンフレットを読んでいたら、二学年下の後輩から声をかけられた。

「先輩、幹部候補生になるんですか」

「ああ、すごいんだよ。大卒ってすごいんだ。俺たちは、特待生だから大学の価値を判ってないんだよ。大学を出てるってだけで、国家公務員の幹部候補生だぞ」

「そうなんですか、何かすごそうですね。ところで、自衛隊の幹部って何なんですか？」

私も、正直、よく判らなかった。

「そうだな、ここ（日体大合宿所）でいう、三年生以上じゃねえか」

「えっ、本当ですか。ということは、いきなり三年生になっちゃうってことなんですか。それは、ただのすごいじゃなくて、ものすごいですね」

その後輩は、感心しながら自分の部屋に帰っていった。文字にすると、なんとも頭の弱そうな若者たちの会話に読めてしまうが、「いきなり三年生」は確かにすごい。すごいけれど、何か違う気もした。

一年生で締められ、二年生で板挟みになり、だから三年で自由に振る舞えるのだ。大学だかなんだか知らないが、高卒より四年間長く勉強したからいきなり幹部になれるというのは、「ずるいじゃないか」と感じ始めた。

この時点での私は、まだ幹部候補生になると決まったわけではなく、あくまでも「大卒だから幹部候補生学校の受験資格がある」という状態に過ぎないのだが、「いきなり幹部」を是としない、だいぶ頓珍漢な正義感は、どんどん強く、意固地になっていった。

そして、入隊するなら「一年生（二等海士）」から始めよう、と決めてしまった。

進路についての話をした誰もが、「体育教員の道をやめて、海上自衛隊に行く」と口にしただけで、気は確かかと言わんばかりに反対した。

バブル前夜だった当時の自衛隊のイメージは、今とはまるで違う。まともな奴は行かないところとされていた。さらに「最下級兵士として入隊する」と言うと、会話がそこで終わった。唯一、真剣に相手をしてくれたのは、「いきなり三年生」で感心していた後輩だ。彼は、正面切って私の選択に反対した。

「先輩、やっぱり止めたほうがいいと思います。高校生と同じところから始めるのは、絶対無理ですよ。いいですか、一つ学年が下だったら、呼吸するオモチャくらいにしか思ってないところ（日体大）にいた先輩が、四つも年下の奴と同じなんて無理ですよ。同じ服着て、同じ扱い受けて、下手すりゃタメ口をきかれたらどうします。先輩が、普通でいられるわけがないじゃないですか。すぐ傷害事件起こしてクビとかになりますよ」

非常に正しい忠告だったが、こう答えた。

「大丈夫だ。入隊するのは国の為に命を失ってもいいっていう高校生なんだぞ。タメ口だって耐えられるよ。大丈夫、絶対に一緒にやっていける」

私は、根拠なき確信を持っていた。それだけで人生の大きな分かれ道を決めてしまった。

進路の報告

ある日、陸上競技のシーズンも終わり引退することと、今後、社会人としてどう生きていくかの話をするため実家に行った。

高校の体育教員に内定したことは伝えてあったので、父は、陸上の引退と大学卒業の決定と体育教員になる進路の話をしに来るのだと思っていただろう。親子とも周囲が止めるくらい酒を飲むタイプだから、父は、スポーツ選手としての節制を解かれた私が目一杯飲むことを予想し、期待もし、日本酒、ワイン、ウイスキー、ウォッカ、ブランデーに囲まれながら、台所の食卓で私を待っていた。

ほとんど口を利かない父は、私が食卓につくと、並んでいる酒の瓶を指さして、「好きなものから飲め」とだけ言った。

「選手として最後の試合も終わりましたし、大学の卒業も決まりました」

「……」

父は、無言でうなずいた。

「今後は、何かを背負って走るということはありません。選手としては、引退します」

「……」

興味がないかのようだった。

「卒業後は、教員になる気でしたがやめました。軍隊に行きます。海軍に行きます」

「海軍さんか……」

どうせ無表情で「そうか」としか言わないだろうと思っていた私の予想は大きく外れ、ほんの一瞬であったが、父は表情を崩した。反射的に嬉しそうな顔をした気がした。幹部候補生学校のパンフレットしか持っていない私は、それを父に見せた。

「兵学校か。江田島の施設は金をかけてるからな。今でも使えるんだろう」

「そうらしいんですが、そこに行くわけじゃないんです。横須賀の海兵団へ行きます。二等兵で入隊します」

「……そうか」

今度は、一瞬だけ驚いた表情をした。そして、陸軍中野学校時代に海軍へ出向させられ、その時受けた訓練のエピソードを皮切りに、知っている限りの帝国海軍の話をし始めた。

予想はしていたが、高校の教員をやめて海上自衛隊に入ることについても、幹部候補生ではなく、二等兵として入隊することについても、一切何も聞かず何も言わなかった。

ただ、ひとしきりしゃべった後に言った。

「(就職予定だった) 高校には、もう海軍に行くと話したのか?」

「まだです。校長に辞退することを話しに行きます」

「『精神修養のため、一時期、軍隊に行く』と言ったらどうだ?」

父がこんな細かなことにまで、口を出したことに驚いた。同時に、父の複雑な気持ちが判った。一瞬だけこぼしてしまった嬉しそうな顔。でも、安定していて安全な高校教員の道を断つことに関して、「反対」というより「嫌」なのだ。

その気持ちを抑えながら、現実性のない助言ではあったが、教員に戻れる可能性を少しでも残そうとするような言葉がつい口から出てしまったのだろう。やはり父も、親だったのだ。

ありがたいとは思ったが、退路を断つために、校長には、すべてありのままを話した。

父の助言とは正反対の話し方で内定を辞退した。

女々しいことより死を選びなさい

日体大を卒業し合宿所を出た私は、海上自衛隊へ入隊するまでの数週間、東京の実家にいた。その間に、それまでの人生と決別するためにすべてのものを処分した。手紙、本、服、燃やせる物はすべて燃やし、燃やせずまだ使える物は、後輩に譲った。

残った物は、わずかの着替えと運動靴のみ。私が使わせて貰っていた実家の部屋はすっからかんで、晴れ晴れとした気分になった。

入隊前日の晩に、思うところを綴り、髪を切って、封筒の中に入れた。

いよいよ、入隊の朝、横須賀教育隊へ向けて出発する際に、玄関先で前日に用意した遺書と遺髪入りの封筒を父に渡して言った。

「二十二年間お世話になりました。行って参ります」

当時の私は、そうすることが常識だとなぜか思っていた。よって、深く考えた末の行動でも、覚悟をした上の行動でもなかった。今思えば、私がその時に遺書を書いたのは、自分の心情を理解して貰いたいという気持ちがあったからだ。

しかし、そんなことは、どうでもいい問題である。それより、死ねば自分が消えるのだから、身内であっても、さっさと忘れてもらって、自分がいない生活が一刻も早く、常態となるように生前から準備しておくべきだ。それが死の覚悟というものだと、今では考えている。

私の遺書と遺髪入りの封筒を、父は「はい」と受け取り、「ご苦労なことです」と付け加えた。

いきなりの他人行儀な言葉と態度だと思った。父との間に距離を感じた。海上自衛隊に行くと言った時以来、父の複雑な心境は判っていたが、この距離感は初めてだった。父に突き放されたような、外へ向かって突き飛ばされたような気がした。

私は、たとえ親子であっても、「公務に就く」ことの意義と重みに対して、こんなにも感覚が違うものかと思った。それが「個性をかき消された前時代的な考え方」なのか「美しき戦前日本の考え方」なのか、判らなかったが、強烈な違和感があった。

その場にいた母も同じようなことを感じたのだろう。

「あんた、父さんと握手をしなさいよ」と、この世がひっくり返っても、父が同意するはずのないことを言い出した。案の定、父は、

「わしには、西欧人のような習慣はない」

と言って、奥に引っ込んでしまった。

すると、それを黙って見ていた七十五歳の母方の祖母が、待ってましたと言わんばかりに私の前に立ちはだかり、小さい身体から射るような視線を送りながら言った。

「女々しいことをするくらいなら、死を選びなさい」

一瞬、私は、きょとんとして何も考えられなかった。次の瞬間、頭に浮かんだのは、「女々しい？　自分だって女だろ。使うか、その単語？」だった。

かつて私の行く末を案じ、「よたれん」の話をしてくれた祖母が言いたかったのは、「その職を選んだ以上、長く生きることより、どう生きるかを優先しなさい」という職業倫理だったのだ。

そして同時に彼女自身も、自分の中の「ある感情」と決別をしていた。子や孫に対しては、誰であれ、「長く元気に生きていて欲しい」と願う。そのごく当たり前の感情と決別をしたのである。父もそうだったのだ。

私はまだまだ判っていなかった。自分が今から向かう場所は、公務の場ではなく軍務の場なのだ。公務と軍務の決定的な違いは、危険度がどうこうではなく、死を伴う命令に対して拒否権があるのか、ないのかという話である。警察官、消防官に拒否権はあるが、自衛官にはない。

そのことを父も祖母もはっきりと認識していた。私が警察官、消防官になるのだとしたら、父は私を突き放すような態度をとらなかっただろうし、祖母も「女々しいことをするくらいなら、死を選びなさい」とは言わなかったであろう。

幹部候補生学校試験

私は、実家を出た日のうちに、海上自衛隊横須賀教育隊に着隊した。それなりの覚悟を決めて「軍隊」に入った。

が、同期になる者の中に、私が想像していた「国のためになら命を失ってもいい」と思っている者は、一人もいなかった。取り返しのつかない誤りを犯したと焦った。私は、すべての人が反対する中、次々と退路を遮断して自衛隊に入った。だから、現実を目の当たりにした時は、経験したことのないショックを受けた。

いったい、どうしたらいいんだろう。今さら行くところなんてない。しかし、こんな連中と一緒に生きていけるはずもない。自分の運は尽き果てたと思った。

翌日から、敬礼の仕方、回れ右、銃の基本動作、手旗、カッター訓練……心ここにあらずの状態で訓練を受けた。

あっという間に二週間が経過。失意のどん底にいた私は突然思いついた。「そうだ、幹部だ、幹部は違うはずだ。もうどこにも行くところはないんだ、幹部を目指そう」。そう考え始めると、目標ができたからか、少しは気が楽になってきた。上陸（艦艇勤務を基準とする海上自衛隊は、外出のことを「上陸」と言う）が許可される日曜日を待ち、私は横須賀の街へ自衛官一般幹部候補生の最近五か年の採用試験問題集を買いに走った。

教育隊に戻り、張りきってその問題集を開くと、一ページ目に「文系の方は×ページから、理系の方は□ページから問題を解いて下さい」と注意書きがあった。私は、自分がどっち系なのか判らなかったが、とにかく解けそうな方をやってみようと、まず理系、次に文系の問題を見た。両方見終えると、問題集を閉じて途方にくれた。さっぱり判らない。頑張るとか努力するとかではどうにもならないほどの、かけ離れたものを感じた。

考えてみれば、私は中学校の後半から教科書自体を開いたことがない。高校にいたっては教科書を買ってすらいない。大学は、グラウンドと合宿所以外行ったことがない。対して、この試験はといえば、中学から受験をして高校に入学し、高校でもまた一所懸命に勉強をして、大学受験をして、大学でも勉強をして卒業した人たちを振り落とすためのものである。私なんかが見てもさっぱりわからないのは、当然といえば当然である。

しかし、幹部候補生学校を諦めるわけにはいかなかった。他に行くところがないからだ。受験資格は「現役自衛官なら二十八歳未満」と書いてある。ということは、今から六年の間にこの問題が解けるようになればいいのだ。ならば、中学校三年生から勉強をやり直すしか方法はない。微かな記憶を辿りながら勉強した。

中三からのやり直しなので、中学の一年間、高校の三年間、大学の四年間、合計八年間を追いかけなければならない。時々、最近五か年の試験問題集を開いて、いったいこの問題が解けるようになるのに何年かかるんだろう、と思ったりした。

ところが、不思議なことは起きるもので、チャンスは諦めさえしなければ誰でも巡り会えるようだ。私が受けた年から、この試験がマークシート式になった。おかげで、記述式の試験であれば何一つ解答できなかったはずの私も、当て勘でマークを塗りつぶすことができた。そして、どういうわけか幹部候補生試験の一次試験に合格してしまった。

一生分の運を使った気がした。これが私の人生の「仰天ランキング」ダントツ一位の出来事である。その後、二次試験である面接を受け、最終的な合格を知ったのは、教育隊での新兵教育を終え、最下級の水兵として乗り組んでいた軍艦の上だった。

自衛官の心の奥底

セーラー服の袖に手を通した一年後、私は意気揚々と幹部候補生の制服の袖に手を通した。幹部になれると思っていたからだ。

しかし、それは大間違いだった。マークシートの的中率だけできてしまった私が幹部候補生学校の授業についていけるはずがないのである。同期が努力をしていたであろう高校、大学の七年間、私は活字すらロクに読まなかった。七年間のギャップを埋めるため、完全消灯後のトイレの明かりで本を読み、必死に何かを記憶しようとする夜が続いた。

果てしない絶望の中、「原隊復帰」という言葉が何度も頭をよぎった。自衛隊には教育機関で落第した者を元いた部隊に返す、「原隊復帰」がある。俺はどうなるんだ……。ここに来た時、セーラー服から、幹部候補生の階級章をつけた制服に着替えた。六階級も特進したっていうのに、また、元のセーラー服に戻り、六階級の降格となる……。

しかし、これも何とかなった。同期が勉強を教えてくれたし、教官が私だけの為に夜まで居残って教えてくれた。どうにか卒業までこぎつけることができた。

今から考えても自衛隊には、いい人が多い。真面目で正直でまっすぐな人がたくさんいる。狡いとか、悪知恵とか、人を陥れるといったことから無縁の人たちが大半なのである。

だから組織とすれば強固な規律が維持されているものの、正直すぎて〝いくさごと〟に向いていないとも言える。

そしてもう一つ、自衛隊員には大きな特徴がある。正直者が多いことは確かなのだが、同時に彼らは、なかなか本心を明かさない人たちなのだ。

幹部候補生になって、防衛大学校を卒業してきた者、一般大学を卒業してきた者と同期になったが、両方とも横須賀教育隊の「こんな奴ら」と同じだった。だが、もう横須賀の時のようなショックは受けなかった。それは、この組織の人間が本心を明かさないことに気づき始めていたからである。

誰も積極的に愛国心だの何だのと口にするわけではないし、国防に関し明確で強い意志を持っているわけではない。しかし、心の奥底には、「社会の役に立ちたい」「個人の利より公を重んじる生き方をしたい」という憧れに近い想いを持っている。

それを考えることすら憚られる社会風潮が彼らの想いを封じ込め、本心を肯定することすら躊躇させ、口を閉ざさせているだけなのである。

だから能登半島沖不審船事件の時、立入検査隊員の全員が、悲壮感など微塵もなく、清々しい、自信に満ちた、美しい表情で出撃して行ったのだ。

第二章　特殊部隊創設

特別警備隊準備室

能登半島沖不審船事件から九か月後、私は、全国に散らばる海上自衛隊の戦闘部隊を指揮する横須賀の自衛艦隊司令部にいた。いよいよ特殊部隊の創設が始まるという緊張感とそれに従事できるという喜びで、胸は一杯だった。

ある一室の扉をノックした。

「伊藤三佐入ります」

中には、体軀は華奢だが、いかにも頭の切れそうな一等海佐（海軍大佐）が、たった一人で座っていた。準備室長であり、自衛隊初の特殊部隊の初代指揮官になる人だ。

「申告します。三等海佐、伊藤祐靖、平成十一年十二月二十日付、特別警備隊準備室勤務を命ぜられ、ただ今着任致しました」

「おう。まあ、座れよ。君が伊藤君か、話は聞いているよ。君は、俺と違って、この部隊を熱望しているんだってなあ」

「はい」

「今決まっている事は、自衛隊で初の特殊部隊を海上自衛隊の中に創ること。その一期生の教育を三か月後に開始すること。教育を開始した一年後にその特殊部隊は編成され、その更に一年後には実戦配備となること。この三つだ」

「はい」

「君はその部隊の初代先任小隊長となり、現場突入部隊指揮官となる」

「はい」

「だから、君は今から三か月間は特殊部隊創設の準備作業に専念できるが、その後の一年間は、広島県江田島にある第一術科学校の特殊部隊員養成課程の一期生として学生となる。そこで潜水、爆破、射撃等々の自衛隊が既に持っている分野の知識、技量を身につけながら、学生としての勤務時間外は準備作業を継続する」

「学生としての勤務時間外なんていう、余裕がある教育なんですか？」

「土日なら、幾らでも使えるし、寝なければ時間は作れるだろう」

「はい」

「君たち特殊部隊員養成課程一期生の修業をもって、特殊部隊は創設される。しかし、まだ実戦配備にはならない。なれるわけがないんだよ。特殊戦に関する教育は、まだ、何もやっていないからな。ここから特殊戦に関する教育を開始する。その教育は、君がすることになる。そこからの一年間は、君は教官兼学生として、日本にはまだない特殊戦の技術を教育し、自分も身につける。その特殊戦教育のための準備、研究も学生としての勤務時間外にやるしかない」

「……」

「正直言って、俺は、何をどうしていいのかさっぱり判らない。できる気がしない。人選はどうするのか？　何を教育したらいいのか？　特殊部隊の施設の設計も、どんな装備品を備えるのかも、何も決まってない。我々が今から決める」

「二人で決めるんですか？」

「明日、もう一人着任する。その三人で決める」

「たった三人ですか？」

「そりゃ、海幕（海上幕僚監部）にしろ、自衛艦隊にしろ、担当者は決まるが、片手間だ」

「専任は三人なんですか？」

「そうだ。俺は、自衛隊に入って初めて、この事業は、できないかもしれないと思っている。正直言って、途中で投げ出してしまうかもしれないと思っている」

「はい……」

沈黙が続いた。

新部隊の創設、しかも特殊部隊、まったく新しい職種を自衛隊の中に初めて創り出す。にもかかわらず、海上自衛隊としては、いつもと大して変わらないモードだった。不真面目なわけでも、手を抜いているわけでもない。むしろ組織としては、それなりに本気なのだが、それでも新しい事業はたいていこういう調子なのだ。

三人でできるわけがないことを、三人にやらせようとしている。しかも、三人の中で私だけは、司令部や後方支援ではなく、突入部隊の現場指揮官として最前線の場に行くことになる。だから、特殊部隊員としての身体、技術、知識のすべてを身に付けなければならない。

特殊戦という概念すらないこの国において、特殊部隊を創設するには、まず、数か国の特殊部隊を研究、分析した結果から、あるべき姿を導き出すことが必要だ。そして、装備品の決定、予算要求、施設の設計、人事計画の策定、候補者の選定、教育計画の作成等々をしなければならない。本来、二十名位のチームであったとしても三年以上を要すべきものである。

そして一方、先任小隊長といえば、現場突入部隊の指揮官である。二年後に実戦配備されるというのであれば、二年後には、あの時の「みょうこう」艦長よりもずっと過酷な場所に立つことになる。それは、孤立無援の北朝鮮工作船上で、部下数十名を連れて銃撃戦に臨まなければならないということである。

それまでに、特殊部隊員としての身体をつくり、知識、技量を会得し、特殊戦の現場指揮官としての指揮能力、作戦立案能力を身に付けなければならない。そうしなければ、その銃撃戦の末に日本人を連れて帰れるような人間になれない。

そんなことが、はたして可能か……？

何人分もの業務を一人でこなさなければならないということは、自衛隊ではよくある話だ。だがそれは、「絶対的な結果」を求められない自衛隊だからできてしまうのである。

喩えるなら、それまでの自衛隊は、試合をすることのないプロ野球チームのようなものだ。形ばかりならリーグ優勝を目指しているように整えることもできる。

しかし、今回は、求められるものがまるで違う。

あの日、日本人を連れ去っていく最中だったかもしれない北朝鮮の工作母船が目の前にいて、海上警備行動が発令され、警告射撃を行い、日本人を連れ戻すために乗り込もうとした。その結果、逃げられた。日本人が目の前で、まさに目の前で連れ去られたのかもしれないのだ。これは、歴史で習うような出来事でも、仮定の話でもない。ついこの間、私の前で起きた現実なのである。

だからこそ創設する特殊部隊だ。

その部隊が出撃する時は、「絶対的な結果」が求められる。何がなんでも日本人を連れ帰る。部隊が全滅しても絶対に連れ戻す。それは、国家の意志だからだ。あの事件を教訓に、ようやく貫くことを決意した日本という独立国家の意志なのだ。

だから、いつ、どこで、突然勝負を挑まれても、絶対に勝つプロ野球チームを作らなければならない。なのに、実際は、いつもと変わらないモードなのであった。

自衛隊のこのピンボケした感性を変えない限り、いくら「一度出撃したならば全滅を覚悟の……」と張り切ったところで、その部隊を使いこなすことなどできるわけがない。

絶望感と不信感の中、自衛隊初の特殊部隊の創設作業は始まった。

俺を納得させろ

三人が揃うと、初代指揮官予定の準備室長は、三人全員が別々に作戦を立てることを要求した。三人ともほとんど基礎知識すらなかったが、約十日後、それぞれの作戦を見比べてみると、その基本方針は同じだった。

今思うと、本当に恥ずかしいような、まったくの素人が創った間違いだらけの作戦計画だったが、形にはなった。そして、準備室長は言った。

「この作戦計画には、間違っている部分もあるだろう。しかし、今はこれをすべての根拠とする。自衛隊というのは、素人の集まりなんだよ。船乗りと言ったところで、幹部なんか自衛隊生活の三分の一しか艦の所属にはならない。残りの三分の二は、陸上勤務と学生か教官だ。そして三分の一しか艦の所属にならないのに毎日航海するわけじゃない。航海日数なんて、年間二百もないだろ。民間の船乗りの十分の一くらいしか洋上にいない」

準備室長の話は続いた。

「俺たちなんてもっとひどい。特殊戦なんか何も判っていない。しかし、これからはみんなが聞いてくるぞ。どうしたらいいんですか、って聞いてくる。知ったかぶりして、もっともらしいこと言ってれば、誰もがそういうものかと納得するかも知れない。でも、そういうことは、絶対にさせないからな。だから、間違いの修正が発生するにしても、正しいと信じるものがなくてはいけない。それが、この作戦計画だ。これの完成度を高めていく。そして、これを根拠とする」

準備室長は私に対して言った。

「心配するな、君が望む部隊を創ってやる。ただし、まず俺を納得させろ。俺が納得する作戦行動に直結した理由を説明しろ。俺を納得さえさせれば、誰でも首を縦にふる理屈を考えてやる。屁理屈でも何でも考え出してやる。だから、なぜこの装備品が必要なのか、なぜこの訓練を実施するのか、まず俺を納得させろ。必ず理由があるはずだ」

以上が、初代特殊部隊指揮官の部隊創設に関する指針だった。そして、これは従来の自衛隊とまるで異なる発想であり、任務完遂に対する真摯な姿勢だった。

自衛隊が実施することには、確かに必ず理由がある。「自衛隊法第××条に基づく……」といった、いかにも官僚好みの根拠法規に基づくきれいなストーリーがある。

しかし、現場では意味不明なことだらけなのである。たとえば、銃剣道競技会をする理由、ラッパ競技会が存在する理由はなんなのだ。根拠文書、根拠法規はある。が、実施する可能性のある作戦との関係がわからない。いまどき銃剣で戦うのか。いつラッパを吹いて突撃するのか。極めて限られた訓練時間の中でそれらを実施する理由がわからない。

同様の謎は他にいくらでもある。自衛隊体育学校はなぜあるのか。陸海空自衛隊はどうしてそれぞれ音楽隊を持っているのか。国家防衛との関係が判らない。限られた防衛予算を費やす理由が判らない。

「普段は社会人や学生としてそれぞれの職業に従事しながら、一方では自衛官として必要とされる練度を維持するために訓練に応じるもの」とされる予備自衛官もわけが判らない制度だ。元自衛官ならまだしも、そうではない人もいて、予備自衛官は年間五日しか訓練しない。それで、何をしようというのだろう。年五日しか訓練しないのだから、六十年いたって三百日、一年に充たない。なのに、階級を持ち、それも自動的に上がっていく。草野球だって、年間五日しか練習しない人が、胸を張って試合に臨まないだろう。

その点、準備室長は違っていた。私に、理由を要求し、その理由が納得できるものなら、どんなことでもそれを叶えてやると言った。さらに、こう私に命じた。

「君は、米海軍特殊部隊に留学をすることになる。言っておくが、方針は一緒だ。留学から戻った君の口から『こう教わりました』なんていう台詞は絶対に許さんからな。それは理由にならない。そんなもので、俺は納得しない。なぜ、米海軍特殊部隊がそう教えたのかを、君がその場で確認してこい。そして、報告という形で俺に説明しろ。それで俺が納得したら、はじめて理由になる」

準備室長は、自衛隊の出世街道を突き進み、制服組の世界も背広組の世界も知りつくし、政治・法律にも携わってきた超エリートだった。こすい手、裏の手、たくさん使って、いろいろすり抜けてきたのだろう。軍人と言うより、優秀な官僚という感じの人だった。ところが、自らの言動の根幹は、誰に対しても、何が起きても絶対に譲ろうとしないピュアな軍人だった。

「今から創る特殊部隊には、言える言えないは別として、話が通る通らないも別として、すべてのことに作戦と直結した理由がある。俺が納得した明確な理由がある」

この人となら、これまでの自衛隊と全く違う組織が創れるかもしれない、という気がした。この人なら、これから創る部隊を使いこなせるだろうとも思った。そして、この人がいるのなら、次は日本人を奪還して戻ってこられる気がした。

絶望感と不信感の中で特殊部隊の創設作業は始まり、あまたの業務に忙殺される毎日だったが、光は見えていた。

はみ出し者の集団

自衛隊初の特殊部隊となる特別警備隊員の選抜は、創隊作業が始まるとすぐに対象を海上自衛官全般として行われた。当然の話だが、特別警備隊の選考対象になるための肉体的基準には、運動能力、水泳能力、視力等々があり、陸海空自衛隊のパイロット、パラシュート、ダイバー、レンジャーすべての部隊の中で最も厳しかった。そして、それとは別に重視したのは、ほとんど情報が与えられず、ベールに包まれているこの部隊への配属を熱望していることだった。

入隊希望者が判っていることは、北朝鮮工作員が待ち構えている不審船に乗り込んでいって、連れ去られている最中の日本人を奪還してくるのが主任務という程度だった。どんな勤務形態で、どんな待遇で、毎日何をするのかは知らされていない。

しかも、通常の自衛隊と異なり、国家として戦争状態になってから出撃するのではない。極端に言えば、ある日突然、人知れず出撃し、数時間後には銃撃戦になっている。さらに、現在とは情勢がまるで違い、頻繁な不審船の出現でピリピリしていた頃の話である。

そんな部隊に入隊を熱望してくる者が欲しかった。防衛庁（当時）の意向はともかく、結果的にだいぶ変な者たちが集まった。これまでよく公務員をやってきたものだと思うような者ばかりだった。特に一期と二期は、海上自衛隊のはみ出し者を全部かき集めてきて、肉体的基準を突破した者だけが残ったような感じだった。

具体的に彼らの何が変かといえば、要は、指示や命令に黙って従うタイプではないのだ。よく解釈すれば、自分がやることには納得した上でやりたいタイプ、悪く解釈すれば、文句の多いわがままな者たちだった。

しかし私は、文句の多い彼らをうるさいと思ったことが一度もない。むしろ頼もしさを感じていた。その部分はもっと伸ばすべきだと思ったし、さらに彼らが発言しやすい雰囲気をつくろうと思った。

それは、それが特殊部隊員として当たり前の姿勢だからだ。特殊戦という自分の存在が消滅してしまうかもしれない局面で、毎回、「はい判りました」と全肯定できる指示がくるはずがない。提案なり、意見具申なり、文句なり、何かしら言いたいことがあって普通なのだ。

もちろん、私利私欲にからむ発言は許されないし、正論であっても部隊に混乱を招く可能性があれば無視することもある。逆に、既に決定した事項であっても、意味のある異論が出ればやり直す必要がある。その発言の主がどんなに下の階級の者でも、取り入れるべきものは柔軟に取り入れなければならないはずだ。

だが、残念ながら、自衛隊という組織には、そうした合理的な判断を極端に嫌う傾向がある。それは、心のどこかに本番はない、あっても遠い将来だろう、という意識があるせいだ。特別警備隊に集まってきた者たちは、そういう組織の中で、もがき苦しんでいたのだと思う。矛盾や不条理を妥協という最も苦痛を伴う解決法で耐えてきたはずだ。

だからこそ、ベールに包まれてはいたが、作戦目的が明確で、それが今すぐにでも発動される可能性がある部隊に自分の居場所を見いだし、積年の恨みを晴らすかのように転属を熱望してきたのだ。

私は、彼らを一目会ってすぐに人として好きになった。こいつらが納得して満足できるだけの組織でなければ、拉致された日本人を連れて帰れやしないと思った。

集まってきた隊員たちは、それぞれ元の部隊で浮いていた連中なので、それが一か所に集まって、ひしめき合うのだから厄介なことがおきないはずがない。過去に隊員同士のトラブルで処罰を受けている者や、規則違反で複数回処罰されている者も結構いた。程度の違いはあったが、みんな心のどこかに譲らない何かを持っていた。

その典型が、階級章が判らない隊員だった。階級の上位者に敬礼をしなければならない自衛隊においてありえない話だが、彼は覚える気がなかったのだ。今までどうしていたのかと聞くと、「敬礼は自分の利き腕を掲げる行為で、相手に対して完全に無防備な体勢になります。だから、信頼と敬愛を感じている相手にしかしません。ワッペン（階級章）を付けているからといってする気はないんです」と普通に答えた。

たしかに敬礼の起源はその通りだが、それを本気で実践している者なんかいやしない。彼は、私が自衛隊を辞めた一年後に転属を希望して部隊を離れたが、離任式で三代目隊長への敬礼を拒絶したため、追放に近い形で部隊を出されている。

そんな者までいる部隊なので、当初は厄介ごとが多発するだろうと覚悟したが、隊員同士のトラブルは皆無だった。自己主張が強く、血気盛んで、素手、刃物、飛び道具を使った格闘の訓練を常としていたのに、口喧嘩さえ見たことがない。彼らは、形だけの団結や表面だけの友情は決してみせないが、本気の団結はするし、友情という言葉とは別次元の感情を感じ合っていた。

それは、お互い生きている目的が一致していたからではあるが、他にも理由がある。彼らが最も得意としたのは、射撃でも、ナイフでも、爆破でもないし、パラシュートでも、潜水でも、レンジャー行動でもない。彼らは、敵でも仲間でも相手の心情を察することに長けていたのだ。仲間同士であれば、自分の心中をすべて晒す。意見の衝突はいくらでもあったが、発言の真意を理解し合えるのですぐに解決した。

人間関係のトラブルというものは、意見の食い違いではなく、生きている目的の違いだったり、相手の真意を理解しようとしない態度から起きるのだろう。

どんどん変化する訓練

我々の関心事といえば、次の休暇の日程でもなければ、ボーナスの査定でもなかった。発動になったら、作戦をどう実施するかであった。

それは、今すぐにでも出撃命令が出るかもしれないことと、情報、装備品、自分自身、あらゆるものが変化し続けているからだった。

これだけのスピードで科学が発達している以上、身体のトレーニング法だけでも、まさに日進月歩で進化していく。武器は無論のこと、あらゆる分野で新製品が出てくる。自分たちも変わっていく。拳銃の携行法だけでも腰に吊ったり、胸にしたり、下腹部に付けてみたり、試行錯誤を繰り返し変えていく。

ドクトリン（得意技）を増やすのに躍起になれば、戦術だって変わっていく。ピッチャーが新しい変化球を覚えたら、その変化球を生かすための配球法になっていくのと同じだ。ドクトリンだけではない。情報によっては、戦術を根本から見直す必要も生じるし、そうなれば訓練方法だってガラリと変わる。無論、不変のものもあり、変更することが必ずしも正しいとはいえないけれども、変えることに躊躇はしないようにしていた。

訓練の細部について書くわけにはいかないが、その項目は膨大なものとなっていた。

戦場へ辿り着くまででも、空から、陸から、水面から、さらに水中からとあり、それぞれ乗り物を操縦する場合もあるし、身体だけで行くこともある。水中ひとつとっても、自分の肺の能力だけで潜水することもあれば、レジャーダイバーと同様の潜水器を使うことも、特殊な潜水器で潜ることもある。小型のフィンもあれば、長いフィンもあるし、水中スクーターだって使う。それらを水中で装着したり、外したり、水中で装備品を切り替えたりすることもある。戦場へ辿り着いてからは、偵察だけのこともあるし、何かを破壊することもあれば、誰かを救出してくることもある。

それらすべてを支えるのは、体力であり、自分自身を操る身体操法でもある。使用する装備品も多種多様で、それらの操作法、修理法、整備法を熟知していなければならず、天候の変化を予察できないと作戦自体が成り立たない。戦術、作戦を立案する能力も必要である。医療衛生の知識と技術も不可欠だ。どんな大けがをしても自分たちで治療しなければならない。そこには、病院もなければ、救急車も決して来ないからである。

このように多項目における訓練を重ねていくうちに、訓練には二種類あることが判ってきた。実施頻度が少しでも低くなるとすぐに技量が落ちてしまうものと、一旦修得しさえすればそうそう技量が落ちないものがある。

すぐに技量が落ちてしまうものは、拳銃の射撃精度と体力だった。だから、射撃訓練では通常の海上自衛官が一生かかって撃つくらいの弾数を一日で撃ったし、それを毎日繰り返した。体力錬成は、特に酸素負債運動（三〇〇～六〇〇メートルの全力疾走）の頻度が高かった。本数は二本しか実施しないが、本当の全力疾走を課した。ゴールした直後は立っていられず、ライターで脚を炙っても気がつかないくらい悶絶した。

訓練項目や訓練方法がどんどん変化する一方、生活リズムは定まっていった。自分たちにかけられる負荷の限界も見えてきた。

訓練準備から撤収完了まで十二時間がひとつのラインである。限定的に三日間ぶっ通しで食事も睡眠も取らせない訓練も行ったが、おしなべて平均すれば、一日に十二時間を超す訓練を継続的に実施すると疲労が蓄積する。我々はスポーツ選手ではないので、試合の日程が決まっていない。ボクサーに喩えれば、ある日突然、数時間後に試合が組まれるようなものだ。だから、回復に時間を要する疲労の蓄積は避けなければならない。

最も回復に時間を要すると言われる精神的疲労に関しては、いつ本番が発動になるか判らないという緊張感はあるものの、だからこそ目的のはっきりしない訓練や合理性を感じないことは決してしないので、実は皆無に等しかった。

その次に回復の時間を要する筋肉疲労については、筋肉そのものをつけ過ぎないようにした。過度な筋肉はより多くの酸素を必要とし、基礎代謝量も増やしてしまうため、水中における呼吸停止や山中における食料の無補給状態を余儀なくされる者としては、必要最小限にしておきたい。

従って、同じ力を発揮するにしても、筋量を増やして発揮しようとするのではなく、身体操法の技術により発揮しようとした。だから、筋肉に大きなダメージを与えるウェイト・トレーニングのような訓練はほとんどやらなかった。

訓練の主眼は、頭と身体を何のためにどう使うのかであり、回復に長い時間を要するものは少なかった。しかし、それを実施する環境は、劣悪な場所を選んだ。暑さ、寒さ、暗闇、強風、雨、波といった本能が拒絶する環境下を選んで訓練した。

そんな毎日を過ごしていたからだろう。どんな作戦でも必ず完遂できるまでの自信はなかったが、もし我々が行ってできないのなら、この世の誰が行ってもその任務は完遂できないと思っていた。

パーフェクトな準備をしていたとは言えないが、それ以上の負荷を連日積み重ねることはできないし、装備品の選定、訓練項目、また、そのやり方に関して、唯々任務完遂のために選別し、現時点の見識で最善の努力を積み重ねている自信だけはあった。

日本の、日本人のための部隊

特殊部隊の創設で失敗したことは山ほどある。が、成功したことの一つとして、米軍の息がかかっていないということが非常に大きかったと思っている。

先述したように、当初、私を米海軍特殊部隊（シールチーム：SEALs）へ留学させる構想はあったが、行っていない。最終的に、米海軍が秘密保全を理由に拒否してきた。

これは幸いであった。留学という方法は手っ取り早いが、部隊のポリシー、屋台骨に、どうしても他国の匂いがしてしまう。留学した者が、その本質をまだ理解していない段階で、完成品を見てしまうと、参考という名のもとに模倣から入ってしまいがちだからだ。

国家理念も、戦術思想も、国民性もまるで違う他国の部隊にそのまま使えるものなどあるわけがない。組織の編成にしろ、部隊の装備品にしろ、訓練の項目にしろ、隊員の採用基準にしろ、彼らがそう決めた理由を明確に理解し、自分たちの部隊が遭遇する作戦場面を正確に予想したうえで、部分的に採用するというのなら意味もあるが、部隊創設時に、それほどの知識と経験があるはずがない。

だから、もし私が米海軍特殊部隊に留学していたら、たとえ初代隊長（準備室長）の強烈な指針があったとしても、かなりの部分が「アメリカの、アメリカ人のための、日本人による特殊部隊」になってしまったと思う。

しかも、特殊戦の世界において、米軍の評価は決して高くない。というより、かなり、大変、非常に低い。

話は横道に逸れるが、米海軍特殊部隊について触れておく。

私は以前、アメリカの特殊部隊なのだから、すごいものなのだろうと思っていた。映画の影響か、本か、噂か、なんの影響か判らないが、勝手に世界最強部隊のようなイメージを描いていた。

それが実際に米海軍特殊部隊を見た時、手にしている武器をはじめ装備品は高価で最新のものであったが、個人の技量は我が目を疑うほどの低レベルだった。

その時は、私の中にあった最強イメージとのあまりのギャップに驚き、「能ある鷹は、爪を隠すものだ」と思おうとした。けれども、その後十回以上、いろいろな場所でいろいろな行動を共にしたが、私はついぞ彼らの爪を見ることができなかった。彼らは、爪の鋭い鷹というより、よく忘れ物をする気のいい兄ちゃんたちというイメージである。

だが、それがアメリカなのだと思っている。それが米軍なのだ。

米国の特殊部隊員の技量は異常に低い。この業界の人なら誰もが知っていることだが、そこに米軍最強の秘密がある。

特殊部隊というのは、少数精鋭であり、一人で何でもできる人間が集まっている。パラシュート降下から潜水、ジャングルでの行動、爆破、近接戦闘、その多彩な能力を駆使して、直接行動であったり、特殊偵察であったり、他部隊が行う作戦の支援をしたりする。それは、隊員の個人の能力に託すところが大きい。だから、米軍は苦手なのである。

米軍の特徴は、兵員の業務を分割し、個人の負担を小さくして、それをシステマティックに動かすことで、強大な力を作りだす仕組みにある。それは、個人の能力に頼っていないので、交代要員を幾らでも量産できるシステムでもある。さらに、個人の負担が少ないので持久力がある。

これが、米軍が最強でありえる大きな理由だ。要は、そこらにいるゴロツキ連中をかき集めてきて、短期間に少しだけ教育し、簡易な業務を確実に実施させて組織として力を発揮するのである。そして、その組織で確実に勝てるよう、戦争をプログラムしていく。

比して、シールチームはこんな具合だ。

初めて彼らを見た際には、当時、警察、軍隊を問わず世界の特殊部隊が必ず使用している有名な銃を多数保有していた。しかし、翌年には一丁もなかった。不思議に思った私は、その理由を聞いたが、チームの誰も知らなかった。浅く広い知識で全体をみる幹部ならまだしも、銃器専門の下士官も知らなかった。

ほぼ時を同じくして、世界中の特殊部隊からその銃が忽然と消えた。私は、その理由を半年後に知った（理由は、あまりにも専門的になるため割愛する）。翌年会ったシールチームは、理由をまだ知らずにいた。そして「アメリカ政府は、俺たちに最高の物を配備してくれる。それを使えば間違いがない。だから、銃が変更された理由は俺たちが気にすることじゃない」と言っていた。

これが米軍の特殊部隊なのである。まともな特殊部隊の隊員は、決してそういう発想はしない。何に関しても理屈と理由を知りたがるはずなのである。それは、孤立し、支援が得られない場であっても、そこにあるものを使って、何でも自分たちだけで解決しなければならないからだ。

以上が、米軍の強い理由であり、米国特殊部隊が弱い理由である。

プロとしての某国特殊部隊

私が海上自衛隊の特殊部隊・特別警備隊創設にあたって、最初に接触した他国の特殊部隊は、この業界の老舗みたいな組織である某国のものであった。この特殊部隊からは、射撃、戦術行動、作戦構想等々の基礎的な部分を教わった。

彼らの凄いところは、我々のことを紛争の対象になる可能性があると見ていて、それを公言していたことである。

「ここから先は、いつ銃口の向こう側にまわるかもしれない君たちに、教えるわけにはいかない」とよく言っていた。

野球で言えば、キャッチボールの仕方と基本的なフォーメーションを説明したに過ぎず、肝心なことは何ら我々に教えなかった。とはいえ、彼らの仕草は洗練されていたし、常に冷静で感情の起伏を見せなかった。米国軍人に比べると、つき合いにくかったが、プロフェッショナリズムを強く感じた。

産業革命以来、小さい国土ながら世界展開し、植民地という人間牧場を経営し、労働を強制した有色人種の生き血を吸いながら、あの国の上流階級が贅を尽くしてこられたのは、特殊部隊に限らず彼ら軍人の存在なくしてはあり得ない。某国は軍事力を巧みに用いて、植民地を支配し続けてきた。だからこそ、いかに人間を追い込み、効率的に処分していくかについては、ゾッとするほど熟知していた。

ある日、我々が使用する予定の銃を見て驚いた表情で言った。

「何で、ストレートブローバック方式の銃があるんだ？」

「しばらくは、これを使わなきゃならない」

「これは、弾をばらまくための武器だろ。これで人質奪還なんかできるわけない。犯人も人質も一緒に射殺する気か」

「いや、犯人だけに着弾させる」

「どうやってだ」

「寄れば何とかなることだけは判っている。犯人には当たるが、人質に当たりっこない距離まで詰めるしかない。それまでにこっちが致命的な箇所にどうやって被弾しないようにするかが問題だ」

「そうなんだ。室内戦闘というものは、結局そこに行き着くんだよ。どうやって被弾せずに近寄り、相手には確実に着弾させるかなんだけどな……」

そう言って彼は、その銃をジッと見ていた。日本の法的規制により、彼は銃に触れることはできなかったが五分くらい見ていた。突然、ホワイトボードに銃の構造図を書いて、どうして弾が散ってしまうのかを説明し始めた。そして、最後に、

「だから、こういう風に銃を構えればピンポイント射撃ができる可能性はある。その技術を訓練で高めるしかない」と言った。

翌日試してみると、彼の言うとおりだった。何割かはピンポイント射撃ができた。微妙な射撃姿勢のこつを摑めばピンポイントに着弾させることができる、という確信を持つことができたのだ。

これがプロフェッショナリズムだと思った。彼らは最前線の兵士として、銃のことを熟知していた。そして、その知識を使って、何とかする方法を編み出して見せた。

「こんな銃しか配備してくれない。上の奴らはわかってないんだ」

「～がない。～してくれない」

文句を言うのは簡単だ。しかも陰でならもっと簡単だ。

当時の私は、最前線の現場に出て行く兵士でありながら銃のことを大して知らず、もっと知ろうともせず、不平不満を感じていただけだった。そんな暇があるのなら、すべきこ

とはあったはずである。

彼は、普通に言った。

「この銃はそこで使うための銃ではないから、早期の適切な銃への転換を申請すべきだ。でもな、こんなことは、いくらでもあるよ。その場で何とかしないとな、弾は俺たちのところにとんでくる」

某国特殊部隊から学んだ一番大きなことは、このマインドだと思っている。

一番苦労したこと

「特殊部隊を創っていく上で一番苦労したことは何ですか？」

よくされる質問だが、もちろん、自衛隊の特殊部隊は、私一人で創ったものではない。たくさんの人が、それぞれの立場でいろいろな苦労をしたはずだが、私個人が一番苦労したのは、文化の違いであった。

特殊部隊の文化は、陸軍の文化である。だから、「海上自衛隊の中に特殊部隊を創る」

一言で言うが、それは、海軍の中に陸軍を創るようなもので、この文化の違いというものが、非常に厄介だった。

それは、多くの者が一つの乗り物に乗って戦闘をする海軍と、個人が歩いて戦闘をする陸軍の戦闘形態に起因するもので、考え方や習慣に大きな二つの違いがある。

一つ目は、意思疎通の手法である。

海軍は、真っ平らで水平線まで見える海面を生活の基軸としているため、電気のない時代から視覚を利用した通信を用いて意思疎通を図っていた。だから、いまだに手旗、発光信号が活用されている。その一方で、科学技術の発達とともに、大型発電機を持ち歩ける（搭載できる）という利点も生かし、無線通信技術を取り入れてきた。そして今や、人工衛星を介して地球規模で瞬時に、映像さえもやりとりできるようになっている。このように、海軍は、意思疎通を図るための努力を通信に傾注してきた。

一方、陸軍は、山岳地や密林、ジャングルでの生活を基軸としており、視界があまり確保できない。だから、意思疎通の手段を昔から「任務分析」という手法に委ねてきた。

任務分析とは、作戦行動中に状況が大きく変化し、以前の命令をそのまま続行することが不可能になってしまい、かつ指揮官との意思疎通がとれない時でも、指揮官の意に沿う判断ができるようにする手法である。指揮官が命令を下した真意の奥深くまで理解しようとするものであり、「命令の目的は〜だ。だから、もし、この場に指揮官がいるとすれば、こういう命令に変更するだろう」という考え方をする。

科学技術の発達に伴い、通信を活用することが多くなってはいるが、この伝統は、今の陸軍にも色濃く残っている。もちろん、海軍でも「任務分析」を実施するが、到達しようとするレベルがまるで違う。

携帯電話が普及した現在では、誰かと待ち合わせをするとき、「夜八時頃、渋谷駅前で」程度を決めておけば会うことができる。しかし、以前はより細かく場所を決め、もし、会えなかった場合どうするのか、どちらかが遅れる場合はどうするのか等々、詳細を決めておかなければならなかった。意思疎通を図るための努力を、海軍は携帯電話の導入に見いだし、陸軍は、この詳細を決めるプロセスに求めてきたのだ。

二つ目に、意志決定のシステムの違いがある。

乗り物に乗って戦闘をする海軍の場合、その乗り物自体が一人の人間のようなものである。よって意志決定をするのは、艦長なり機長だけで、乗り物に一人である。その他の者は、意志決定をするための補佐をしたり、意志決定後の行動をするだけであり、言わば、艦長の目であり、耳であり、指先のようなものだ。

対して、陸軍の個人で行う戦闘では、階級、立場にかかわらず、自分の目で見て、自分の頭で判断して、自分の指で引き金を引く。すべて一人の人間が自分の責任で行う。

意思疎通の手法と意志決定のシステム、この二つの違いが、私のように、派出されて、現場突入部隊を指揮する者としては、非常に厄介だったのである。

なんとか部隊を創設し、特殊戦に関する教育を開始した当初、私の下のチームリーダーたちは、自分が言われた命令だけにしか興味を示さなかった。私の頭の中にある全体像に興味がないのである。それは、言われたことだけをしようとしているからであり、何か状況が変われば、報告して、また指示を受ければ良いという習慣の海上自衛隊で育ったからである。

しかし、現場で揉まれていくうちに、彼らは私が何を考えているのかを知りたがるようになった。なぜ自分にその命令を出したのか、隣のチームにはどんな命令をしたのか、その理由は何かを知りたがった。

現場の状況変化に現場で対応しようとし始めたのである。現場を一番知っている自分が、作戦の目的に見合った判断を現場で下すのが一番正しく、一番早いと気づいたのだ。そして、そこにチームリーダーである自分の存在意義を見出していった。

刻一刻と変化する現場の状況を正確に報告することは非常に難しい。それに比べれば、作戦が開始される前に私の真意を理解しておくことの方が遥かに容易なのである。

彼らは、私の思考パターンを知りたがり、生活習慣をも共有しようとするようになった。私も同様であった。自分の内臓の内側まで見せたし、彼らにも見せることを要求した。お互いに人となりのすべてを共有した。

当初彼らは、状況を時々刻々と報告してきたが、やがて報告は減り、最終的には、自分で対処不能にならない限り、何の報告もしてこなくなった。ビークルコンバット（乗り物に乗っての戦闘）の世界で育ったにもかかわらず、インディビジュアルコンバット（個人戦闘）にふさわしい、意思疎通と意志決定法に順応していったのだ。

ただし、私より上は、現場で揉まれないからいつまでたっても海軍文化のままだった。この文化の違いを理解するのはなかなか難しかった。指揮官が現場の状況を知ったところで何もできないことを理解しても、現場で何が起こっているのかを知りたいという欲求を抑えることができなかった。

習慣が抜けず、だから「状況、知らせ」が口癖だった。それは、試合中のボクサーに実況放送も同時にしろと言っているようなものであった。

これは、個人の資質というより、育つ過程において身についてしまった習慣であり、まさに文化の違いなのである。ビークルコンバットにおける指揮官の存在意義は、戦闘中にある。それは、報告させて、自分が判断して、実施させるからである。

一方、インディビジュアルコンバットにおける指揮官の存在意義は、戦闘前にある。それは、作戦の真の目的を理解させ、なぜこのような組織編成や任務分担にしたのか、なぜ、このような命令を出したのかを事前に理解させるからである。

陸上自衛隊と協同訓練をした時、私に状況を聞いてきた高級幹部は一人もいなかった。あまりの仕事のしやすさに驚き、その高級幹部に「現場が気になりませんか？ 口出ししたくなりませんか？」と聞いたところ、返ってきた答えは、

「始まってしまったら、現場の指揮官に自由裁量の余地を少しでも多く与えること、現場指揮に専念できる環境を整えてやること、これが僕の仕事だからね」

であった。

これが文化の違いである。

図抜けた陸上自衛官X

特別警備隊を戦力化していくうえで、陸上自衛隊の特殊作戦群、他国の陸海特殊部隊、

国内外のレギュラーフォース（特殊部隊でない部隊）など、公式非公式を問わず多くの組織、個人と絡んだ。

その中で最も影響を受けたのは、私の部隊の三年後に創設された陸上自衛隊の特殊部隊、特殊作戦群の初代指揮官を務めた荒谷卓氏である。私と同様に自衛隊を中途退職し、明治神宮の道場である至誠館の館長を務めており、今でも迷うことがあれば必ず会いに行く。

荒谷初代群長は別格だが、もう一人、大きな影響を受けた人がいる。

その人は、私より一つ歳上の陸上自衛官で、彼は十八歳の時に二等陸士、いわゆる最下級兵士として入隊した。入隊以来、新隊員前期教育、新隊員後期教育、初級陸曹教育、中級陸曹教育、上級陸曹教育、初級幹部教育、レンジャー集合教育、幹部レンジャー課程、受けたすべての教育で優等賞をとっている。要するにすべてトップで卒業している。階級も、防衛省の定める最短期間で昇任してしまうため、通常なら定年を迎える曹長という階級に三十五歳でなってしまった。その後、幹部となり、いまだに、最下級兵士から最短で階級を上がる自衛隊記録を更新中である。

彼とは、手榴弾投擲に関する調整のために、ある駐屯地に訪れた時に出会った。

特別警備隊としては、初めての手榴弾投擲訓練だったので、事前訓練はどのように実施し、当日は、どんな資材が必要で、どう実施するのか、過去にどのような事故が発生したのか、それに対する対策はいかにするか等々、訓練全般について詳しく聞く必要があった。当然、事前に支援依頼と、何のために何を聞きに行くのかは連絡してあったので、手榴弾投擲に詳しい人が出てきて、解説をしてくれると思っていた。

行ってみるとファイルをたくさん持った一等陸尉（陸軍大尉）が出てきて、忙しいとか、誰々に指示されたとか、言い訳じみたことばかり口にして、自信がなさそうな様子だった。

とりあえず、事前訓練の手順について説明を受けていると、その最中に三等陸尉（陸軍少尉）が入ってきた。簡単に挨拶をすると私の正面に座り、黙って聞いていた。

やがて、当日使う資材の話になった。リストを私に見せながら、「これだけの資材を準備して下さい」と一尉が言ってきた。

「持っていませんし、このリストを見ても、名前からどんな物なのかさえ判らないんです。借用することは可能でしょうか？」

「いやあ、そちらで準備して頂かないと困ります」

すると、それまで黙っていた三尉が、階級が二つ上の一尉にこう言った。

「お前ちょっと黙っとけ。手榴弾投擲をやったことのない人が、持ってるわけがないだろ」

そして、私の方を向いて続けた。

「伊藤三佐、時間の無駄です。今後は私に連絡を頂けますでしょうか。これらの資材はすべてこの駐屯地にあります。我々も滅多に手榴弾投擲はしません。すべての資材をお貸しできるはずです。この人は、その手続きが面倒なのか、あるいは手続きの仕方を知らないから、貸せないと言ったんです。第一、手榴弾のことを何にも知りません。そもそも、投げたことあんのか？」

「いいえ、ありません」

階級以外のすべてが劣っている一尉は、蚊の鳴くような声で答えた。

「こんなんですよ。私が担当になるように、この人に命令を出させますので、ご安心下さい。危険がないとは言いませんが、そんなに難しいものではありません。私の知っていることは、すべてお伝えしますから大丈夫です。ご安心下さい。それでは失礼致します」

彼が部屋を出て行ってから、一等陸尉に尋ねた。

「今のは、誰？」

「Xといって、三尉になったばかりなんですが、この駐屯地では有名な男です」

「でしょうね」

これが、私と彼の出会いである。

レンジャー訓練の実態

この頃の特別警備隊は、陸上自衛隊のレンジャー訓練を受けようとしていた。だが、どこの誰と話をしても、必ず断られた。理由はいつも同じだった。

「レンジャー訓練というのは、陸上自衛隊の中の最高峰の訓練です。申し訳ありませんが、基本教練もまともにできない海上自衛官が参加できるものではありません。陸上自衛隊員として何年も訓練を重ねて、陸上戦闘における攻撃、防御、遊撃行動を理解していなければ無理です。しかも部隊から気力、体力ともに優れていると推薦された者で、選考試験をパスした者だけが受けられる訓練です。それでも、教育中にかなりの者が脱落するんです」

こう言われてしまうと、どうにもならなかった。

手榴弾投擲の訓練のために、X三尉と岡山の演習場にいるときに聞いてみた。

「レンジャー訓練を受けたいんですが、どの筋を使っても断られてしまうんです。しかも理由はいつも一緒で、陸上自衛隊の最高峰の訓練を海上自衛官が受けられるわけがない、と。どんな準備をしたらいいいんでしょうか？」

「誰が受けたいんですか？　伊藤さんたちですか？」

「そうです。私を含めて四名位です」

「どうぞ」

「どうぞ？」

「問題ありません。来年、私の連隊がレンジャー教育を担当します。私の階級ではまだ主任教官にはなれないのですが、実質、取り仕切るのは私ですので、どうぞ」

「でも、どこに聞いたって無理だと言われたんだけど？」

「そうでしょうね。訓練内容の本質を理解していない限り、そう答えるしかないですよ。手続きの仕方はわかりませんが、私が『受け入れることができる』と答えた、と言ってくださって構いません」

　信じがたい話だったが、我々は、彼が言ったとおり、本当にレンジャー訓練を受けることができた。けれども、実際に受け始めると、その内容が想像していたものとあまりにもかけ離れていたので驚いた。そして、受け入れて貰った身で、どうこう言える立場ではなかったが、課程終了後に彼と話をした。

「地図判読、ロープワーク、爆破、生存自活。これって陸上自衛隊では新隊員教育でやることだろうと思っていました。イメージで申し訳ないけど、こんなこと陸上自衛隊の人なら誰でもできる、と。レンジャー訓練ではその先のどんなことを教えるのかと期待していたら、鶏をさばいたり、蛇を食べたり、どうしちゃったの？　そんなの普通のことでしょ、って驚きました。予備知識ゼロの我々としては勉強になることもあったが、知りたいのはそこから先で、そうじゃないと実場面では使いようがないよね」

「そうなんですよ。地図も読めず、紐も結べず、爆破もできない。山に行っても食料品を支給されないと死んじゃう陸上自衛官はたくさんいます。レンジャー教育とは、そういう隊員をとりあえず山に入れるようにして、戦術行動の一端を体験させる程度のものなんです。大したことなんかしないんです。だから、私は伊藤さんたちを受け入れるのに問題はないと言ったんです」

「でも世の中では、レンジャーはすごいと思われてるよ」

「プライドを持つことも大切ですが、もっと大切で、なのに欠落しているのは、レンジャーを出てからのことなんです。ちゃんと教わった技術を定着させて、練度を向上させるために、継続的で組織的な訓練をしているかどうかです」

「教わったことを、これからうちの隊員に教育しますが、生意気なことを言うようだけど、三か月かけて教わった内容の習得には、おそらく二週間もかからないと思います。問題は、次のステップで……」

「そうでしょう。そんなもんで、できちゃうでしょうね、無駄な科目が多すぎますから。昭和三十年代にアメリカから持ってきて、レンジャー教育を始めてからほとんど内容がいじられていないんですよ。では、普及教育が終わったら、うちのレンジャーと訓練しましょう。そこからが本物のレンジャーです」

「ついでに言わせて貰うと、あなたが付いていながら、なんで、あんな教育になっちゃうの？　迷彩服にアイロンかけさせたり。実戦闘と関係ないところでピーチクパーチクうるさいんだよね。まあ、私も自衛官だから、教育を必要以上に高圧的にやる傾向はわかるんだけど、新隊員教育じゃあるまいし、教育というのは、難しいことを如何に簡単に理解させるかでしょ。あれじゃ、簡単なことを難しく説明して体験させているだけだよ。教育を受けてる方も、大して苦しくもないのに、死ぬ寸前みたいな表情を作って、みんなでがんばってます劇団？　気持ち悪いよ」

私も綺麗事が苦手なほうなので、つい感じたままを言い募ってしまった。けれども、彼は自身も言いたいことを遠慮なく言う人間だからか、何を言われても平然としていた。

「まあ、そうですね。おっしゃること、判る部分もあります。でも、全部ではないです」

その後、彼からは、小規模部隊の戦術を教わった。彼が二十年以上かけて作ってきたものすべてを、惜しげもなくすべて教えてくれた。この戦術ばかりは、特殊部隊の特殊作戦群より、遥かに優れていると思った。

不可欠な畏敬の念

やがて彼は、「もう教えることはなくなりました」と言った。にも関わらず、会えば必ず不満気だった。

「何かが違います」

「何かって、何？　何が違うの？」

「わからないんです。何か薄いような……」

「薄い？　何が薄いの？」

薄いと言われながらも、彼の率いているレンジャーよりずっと訓練時数が多く、訓練の実施に関しての支援体制も整っている私の部隊の練度は、急速に向上していった。

だが後日、Xの言う「薄さ」を実感する出来事が起きた。

私が特殊部隊に在籍した足かけ八年間において、死亡事故は発生していない。ただし、空、海、山で数え切れない種類と回数の訓練をし、そのほとんどが、日本で初めて実施する前例のないものだった。その中で墜落死、溺死、誤射による死亡、低体温による死亡、誤爆による身体欠損、それらの寸前まで行ったことは、正直何度も、何度もあった。

幸運の糸がたった一本繫がっていたから生きている隊員は多い。私自身もその一人であり、痕として残っている傷だけでもかなりある。そして、死亡事故寸前までいってしまった主たる原因とすべての責任は、私にあった。それは当然の話で、訓練を企画し、訓練を監督し、訓練を実施していたのが私だったからだ。

中でも、部隊全滅を覚悟したことが二回あり、その二回とも、山中で低体温症に直面した時だった。二回目の時は、Xの部隊を山地高速機動で追跡している最中に発生させてしまった。翌朝、何とか帰還してきた我々を見て彼は言った。

「全員、いますか？」

「います」

「指先を確認して下さい。特に足の指先、変色していませんか？」

彼は凍傷による壊死を恐れていた。

「確認終わり、異状なし」

私が無事を確認すると、さすがの彼もホッとした顔をした。そして、こう言った。

「わかりましたよ。薄さが何なのか」

「何ですか？」

「自然に対する驕りです。人間は、自然には絶対に勝てません。あと、体力の温存に関する感覚の違いですかね」

言われて、図星だと思った。それは、そのつい六時間前、漆黒の闇の中、人里遠く離れた山中において低体温症による部隊全滅を覚悟したからだった。

「現時点で訓練は終了する。今からは、全員で生きて帰るための本番だ」

こんなことを私が山中で命じなければならない事態に陥ったのが、まだ、ネイビーのビークルコンバットの癖が抜けていなかった証拠である。もちろん自然の力は知っている。しかし、所詮、鉄のビークルに守られていたのだ。

荒れ狂う夜の外洋を小型ボートで行動していても、母艦さえ見えれば何とかなる、ヘリと連絡がつけば生きて帰れると思っていた。潜水艦に拾ってもらえれば、その瞬間にホテル並みの生活環境まで与えられることが前提だったのだ。

しかし、インディビジュアルコンバットの世界では、この身体だけで、自分の足で戻ってこなければならない。レンジャー教育を受けた後、「大して苦しくもないのに、死ぬ寸前みたいな表情を作って」と言ったが、陸上自衛官は、駐屯地まで帰りつけるかどうかを常に考えているのである。比して、私は、現時点での体力の限界しかみていなかった。

今思えば、そんなことも判らないのかと自分で呆れるが、現実はそうだった。

あの日以降、Xは、我々に「薄い」と言わなくなった。言わせるようなことをするわけにはいかなかった。

彼に教わった一番大きなものは、人間が絶対に勝つことのできない自然への畏敬の念だと思っている。

すら知らない

殊部隊の隊員とは何か。私はよく、スポーツの陸上における十種競技の選手みたいな

にと喩える。

十種競技とは、一〇〇メートル、幅跳び、ハードル、高跳び、やり投げ、円盤投げ、砲丸投げ、一五〇〇メートル、棒高跳び、四〇〇メートルを一人の選手がこなし、その総合点数を競うものである。特殊部隊員は、パラシュート降下、スクーバ、山地移動、爆破、突入、これらすべてを一人でこなすことができるから、特殊作戦に臨めるのである。

特殊部隊を創設している時点では、特殊戦の技術は特殊部隊員から学ぶしかないと思っていた。だから、国内に特殊部隊が存在しない以上、海外から持ってくるしか方法はないと考えていた。しかし、特殊戦について、少しずつ理解していくと、そうではないことが判ってきた。

十種競技の選手は、十種競技の選手から幅跳びの技術を学ぶわけではない。それしかない幅跳び専門の選手から学ぶのである。彼らは、他のことはできなくても、こと専門に関してなら、深い知識と高い技術を持っている。日本に十種競技の選手に相当する者はいなかったが、幅跳びの選手もいたし、円盤投げの選手もいた。

誰から学ぶかという問題ばかりではなく、本質を理解してくると、参考にするもの、学ぶべきことは、どこにでも、いくらでもあると判ってくる。バッティングの本質を理解している王貞治選手は、日本刀でバットスイングのある部分を習得しようとしたし、私でも日本舞踊の重心移動を参考にしたり、バレリーナの肩甲骨の使い方に惚れ惚れしたりする。挙げ句の果てには、アシカの背骨の使い方を模擬したりもする。

大切なことは、参考にしたものを如何に自分が必要とする技術と融合させていくかだ。そして、融合するときに忘れてならないのは、我々は、ある特殊な環境下でその技術を発揮しなければならないということである。

私は、これを民間人の射撃教官から教わった。

自衛隊が実施している射撃訓練では、指示されたタイミングで、指示された標的に、指示された弾数を、指示された場所から発砲する。標的は、決してこっちに撃ってこないし、不規則な動きもしない。そして、標的というのがバカに大きな黒い丸なのだ。

生まれて初めて実弾射撃をする時も、退職直前の実弾射撃でも内容はほぼ同じである。そんな訓練をいくらやっても、北朝鮮の工作船内で工作員を排除できるようにはなれない。置いてあるサッカーボールをバットで打ったことしかない人が、プロゴルファーとゴルフをしても決して勝てないのと同じだ。

ここまではすぐに判ったが、実は、もっともっと基本的なことを自分が知らないことに気づいた。照準の方法を知らなかったのである。

照準とは、ターゲット、照星（銃身前方の凸型の突起部）、照門（銃身後方の凹型の突起部）、自分の目を一線にすることだと思っていた。その状態で引き金を慎重に引けば当たる、と。

しかし、そんなことは絶対にできない。なぜならば、人間の目は一か所にしか焦点を合わせられないからである。照星と、照門と、ターゲット、その三つそれぞれに焦点を合わせて、三つともはっきりと見えていて、初めて一線にすることができるのだ。

あのバカに大きな黒点に着弾させるのが目的であれば、ぼやけている黒点の手前で照星と照門を合わせれば、それは当たるだろう。だが、本番は、黒い標的を持ったおじさんが、黒点に着弾したら倒れてくれるわけではない。

生身の人間に対してのヘッドショット（頭部射撃）を考えた途端に、照準とはどうすればいいのかが判らなくなった。そして、警察や海・陸自衛隊の射撃教育を行っている学校など、考えられるほとんどの機関に質問をしたが、誰も知らなかった。残念ながら国内では、この答えを知る人を見つけられなかった。

ようやくその答えを教えてくれたのは、海外の民間人射撃教官だった。会ってすぐにこの質問をしたら、彼は即答した。

「だから、サイトピクチャーという技術を使うんです。狙っているところに着弾させるには、サイトピクチャー、トリガープル、ノンフリンチ、この三つの技術があればいいんです。私の仕事は、あなたにどの技術が不足しているのかを判定し、その為のトレーニング方法を提示し、実施させることです」

各専門用語の説明は略すが、とにかく私はトレーニングを受けた。三日間の訓練の後、教官は言った。

「理論も理解したし、その理論をどう活用するのかも体感しましたね。もう大丈夫です。私が付いている必要はありません。あなたは、レジメント（部隊）に戻って訓練をしなさい。私は、ただのコンペティション（競技）シューターなんです。あなたは、コンバット（戦闘）シューターです。身体と精神が破壊される状況において、それらを正常に機能させ、目的達成に必要な能力を発揮させなければなりませんよね。その能力をどうやって身につけていくのかは、あなたたちしかノウハウを持っていません。ここで身につけた技術とうまく融合させてください」

こんな当たり前のことを、海外の民間人に励まされながら教わった。恥ずかしかったし、情けなかった。その分、射撃教官が清々しく見えたし、格好良く思えた。

特殊部隊創設――。その言葉の響きはいいが、現実はそんなもんだった。

今でもきっと、かなりの数の自衛官は、射撃といえば、あのバカに大きな黒い丸に当てることだと思っているだろう。残念な話だが、照準の方法を知らないことにすら気づいていない者も多いと思う。

しかし、彼らは手を抜いているわけでもなければ、いい加減なわけでもない。現在の自衛隊を取り巻く環境の中で、あるべき姿を追い求めることが、それほど難しく、いたる所に落とし穴があるということなのだ。

自衛隊は弱いのか

では、あるべき姿を追い求めることすら難しい自衛隊は、役立たずで弱いのか。

組織戦闘力の強弱については、「バックに国家があるのか、ないのか」と、「生命を失う気があるのか、ないのか」の二つの要素の有無で比較されることが多い。

バックに国家の有無を見るのは、国家的規模での計画的な教育・訓練がなされているのかと、国家予算規模で武器を調達しているかを見るためである。

そして、生命を失う気の有無を比較するのは、この覚悟の有無が戦闘力の強弱に非常に

	バックに国家がない	バックに国家がある
生命を失う気がない	**カテゴリーⅠ**	**カテゴリーⅡ**
生命を失う気がある	**カテゴリーⅢ**	**カテゴリーⅣ**

表２

カテゴリーⅠ	**最も弱い**：**海賊**に代表される。
カテゴリーⅡ	**２番目に弱い**：**通常の軍隊**がこれにあてはまる。
カテゴリーⅢ	**２番目に強い**：**自爆テロ**等である。
カテゴリーⅣ	**最も強い**：**特殊工作員**や**特殊部隊員**である。

大きな影響を及ぼすことを物語っている。

自衛隊は、どのカテゴリーに当てはまるのか？

現状の武器・装備品、訓練時間、及び訓練項目を見る限りでは、列国の軍隊と比べてさほど見劣りがするものではない。ただし、憲法問題により軍隊として国民のコンセンサスを得ていないため、訓練項目は同じでも訓練内容に中途半端なものが多く、最も弱いカテゴリーⅠに寄ったカテゴリーⅡの実力だとよく言われる。

頷ける部分は確かにある。だが、私は違うと思っている。

日本という国は、特異な国であり、この世界標準の比較の仕方には、あてはまらないと考えるからだ。具体的数字を根拠にしているわけではないが、その特異性とは次のようなことである。

日本という国は、何に関してもトップのレベルに特出したものがない。ところが、どういうわけか、ボトムのレベルが他国に比べると非常に高い。優秀な人が多いのではなく、優秀じゃない人が極端に少ないのだ。日本人はモラルが高いと言われるが、それは、モラルの高い人が多いのではなくて、モラルのない人が殆どいないということである。

他業種でもよく指摘されている話かもしれないが、これは、こと軍隊にとって極めて重要なポイントだ。なぜそんなに重要なのか。そこには軍隊という組織に所属する人間のレベルの問題が横たわっている。

あくまで一般的傾向としてだが、軍隊には、その国の底辺に近い者が多く集まってくるものなのだ。だから戦争というのは、オリンピックやワールドカップのようにその国のエース同士が勝負する戦いではない。その逆なのである。

サッカーのワールドカップで日本とアメリカが試合をするとしたら、日本でサッカーが最も上手な十一名とアメリカでサッカーが最も上手な十一名が祖国の代表として、国家の威信をかけて戦うことになる。しかし、これが戦争となると、日本で最も駄目な十一名とアメリカで最も駄目な十一名が祖国の代表として、国の威信をかけて戦うのに近い。

要するに戦争とは、その国の底辺と底辺が勝負をするものなのである。だから、軍隊にとってボトムのレベルの高さというのは、重要ポイントなのである。

現に、自衛隊が他国と共同訓練をすると、「何て優秀な兵隊なんだ。こんな国と戦争したら絶対に負ける」と、毎回必ず言われる。

特殊部隊の時は、「ここに居る人は、みんな将校なのか？」とよく聞かれたし、艦艇部隊の時は、「この艦は、特別に優秀な人間を集めたのだろう」と言われた。

しかし、そんなことはなく、ごく普通の下士官だったし、ごく普通の艦だった。それが彼らからすると驚愕に値するレベルだったのだ。誇らしい話ではあるが、私のような将校が驚かれることはまったくなく、むしろ「あんなに優秀な下士官ばかりなんだから、お前は楽だろう」とよく言われた。

ちなみに、我々から彼らを見るとこれもまた驚愕に値するのであった。特にアメリカの場合、将校は普通だが下士官はどうかしちゃったんじゃないかと思うくらい不器用で、やたらと忘れ物が多い。年中何か食べているし、すぐに喉が渇く。いつも休むことばかり考えていて、痛がりだ。日本の下士官を見て感心するのも理解できる。

「最強の軍隊は、アメリカの将軍、ドイツの将校、日本の下士官」というジョークがあるが、なかなか頷ける話なのである。

いずれにせよ、日本人の持つこの特異な国民性を考慮した場合、隊の大多数を占める下士官のレベルがダントツ世界一というのは、大きなアドバンテージなのである。また、自衛隊は、戦前の日本陸軍と異なり、全員が志願して入隊しているので、そもそも極端に不向きな人もいない。実は、他国の軍人が驚くほどのマンパワーに恵まれている。

だから、日本の自衛隊には、旧日本軍とも列国の軍隊ともまったく異なる独自の組織構想があり、その構想に基づいた組織運用があるはずなのだ。

そのヒントは、自衛隊に現存する二つの特殊部隊、すなわち海上自衛隊の特別警備隊と陸上自衛隊の特殊作戦群が、創隊時に掲げていたポリシーにあると私は思う。

それは、画期的なことでも斬新なものでもない。実施する作戦のすべての理由を、前例や習慣、他国軍隊が実施しているなどの実例に求めず、現場の作戦の従事者が信じているものに求めたことである。

もちろん、二つの特殊部隊がパーフェクトと言うわけではない。欠点も弱点もあるが、他国の将校が、うらやむ程の素養をもつ兵員を最大活用するには、自分たちが正しいと信じるものを根拠として物事を突き進めるという、ほんの少しの勇気を持つことが何より肝心なのだ。

ストレスフルなだけの一週間

特殊戦の教育を一期二期三期と重ねていくにつれ、露呈してきた一つの問題があった。教育を終え、能力判定をクリアし、実戦配備に就けても、はじかれる者が出てきたのだ。仲間から「あいつとは、一緒に行かない」と言われてしまう者が出てくるのである。

そうした者は、あることが、突然できなくなってしまう。その能力を付けさせることは、特殊戦教育で最も大切にしていたし、誰もが苦労するところではある。しかし、能力判定は何とかクリアしても、何かをきっかけに突然できなくなってしまう。さらに厄介なのは、その能力を最大限に発揮しなければならない場面で問題が発生するのである。

それは、仲間同士での意思疎通能力だった。

意思疎通が突然とれなくなる理由の一つは、意思がなくなってしまうことだ。どうやって物事を解決していくかという課題に直面した場面で、解決方法を考えられなくなってしまい、他の者がどう考えたかを見ようとしたり、考えずに誰かの指示に従おうとする者が出てくる。これは自分の意思がないからであり、意思疎通がとれるわけもない。

二つ目は、自分の意思はあるのだが、仲間の意思を見ようとしなくなってしまうパターンだ。自分の意思を通すことばかりに専念してしまう者が出てくるのである。これも意思が一方通行なので疎通がとれない。

三つ目は、自分に意思があり、仲間の意思も見ようとするのだが、感じ合うことができなくなってしまう場合だ。

事前情報が一〇〇パーセント正しいことはない。その情報に基づいて作られた作戦が、計画通りにいくはずがない。だから、現場に身をおく者は、現状に合わせるため、計画をどんどん変更していく。チーム全員の意思の中から最善の方法を選び、その場で全員の役割分担も決めていく。

その際、会話、身振り、手振りで意思を伝え合うわけではない。特殊戦に限らず、厳しい状況下では、連続的に瞬間的に、目も合わさず、仲間の心中を察し、自分の心中も伝えながら行動する。いかなる状況にあっても仲間と感じ合う能力が求められる。

この能力を発揮できるか否かは、教育・訓練で伸ばせる部分もあるが、最終的には素養だ。私は心理学に通じていないが、その素養とは、ありのままの自分を晒せるか晒せないかだと思っている。こう思われたら嫌だ、とか、こう思われないように何かをする、という姿勢ではなく、他人の目に映る自分を一切演じない姿勢がどうしても必要だ。

そうした素養のない者が厳しい状況下に入ると、なぜか突然、意思疎通がとれなくなってしまう。どんなに教育をしても、結局は仲間に拒絶され、はじかれてしまう。それは本人にとっても無駄な時間だし、組織としても大きな損失となる。

ちょうどこの問題が深刻化してきた頃、判別方法が見えてきた。実は、以前から薄々気づいていたのだが、素養のない者が何に弱いのか判ってきたのだ。彼らは、自分を信じることができないのである。

特殊部隊の選考基準を通過してくるような者は、肉体的なストレスをいくらかけても、気絶するだけでギブアップはしない。しかし、終わりの見えない精神的ストレスをかけ続けるとギブアップする者が出てくる。

ストレスをかけられている者は、何度も何度も自分に問う。「俺は本当に特殊部隊員になるべきなのか？　なりたかっただけじゃないのか？」。個人の希望や憧れではなく、なるべきだという確信があるのなら、乗り越えられる。それがないと、気持ちが折れる。

私は、二代目の隊長に、特殊戦教育の開始前に、候補者に一週間、精神的ストレスだけをかけ続ける期間を設定したいと申し出た。意思疎通能力の素養判定のためのストレスフルな一週間である。特殊戦教育を受けたことのない隊長としては、必要性は理解できても、それを感じることはできなかったはずだ。

将来的に仲間からはじかれてしまう隊員は精神的ストレスをかけるとギブアップするという私の考えに、学術的な根拠はない。勝手な思い込みだと言われれば返す言葉はなかった。しかし、理解してくれようとしたし、私を信じてくれた。大きな逡巡があったはずだが、二代目の隊長は私に言った。

「お前がいい加減にものを言っているとは思わないが、それが正しいかどうか、俺には判らん。ただ、特別警備隊長としては、隊員の人数を増やすことより、精強であり続けることを優先する。だから、それをやれ。許可する。やりながら修正を加えていけ」

結果、四期生以降には、特殊戦教育を開始する前に素養を判定する期間が設けられた。

「今から一週間で貴官たちのこの部隊に対する執着心をみる。技術的にも、肉体的にも、精神的にも、この一週間で成長することはない。唯々、特殊部隊員になることに関する執着心をみせてもらう。嫌になったら、何も言わずに、その場にヘルメットを置け。そうするだけで、すべての苦痛から解放する。水、睡眠、入浴、食事、欲しいものを提供する」

どんなことを課したのか、内容は明かせないが、この素養判定期間をクリアした者の率は決して高くなかった。

いくら特殊部隊に隊員を送ったところで、この一週間があるため、脱落者が多く、いつまでたっても定員に満たなかった。上級司令部から隊長に対する叱責、糾問など、いろいろあったと思う。何を根拠にそんなことをしているのか。ただの虐めじゃないか。返答に窮することはいくらでもあったはずだ。

しかし、二代目隊長は頑として受け付けなかった。そして、私に一切、叱責、糾問を受けていることを言わなかった。二代目の隊長も、自らが信じているものは、誰に対しても、何が起きても絶対に譲ろうとしないピュアな軍人だった。

創隊途中での退職

特別警備隊準備室の設立から七年を経過した頃である。

三代目の隊長から、私は、突然、艦艇部隊への異動を内示された。

日本は特殊部隊というものを、旧軍の時代も、自衛隊になってからも保有していなかった。要するに、我が国の特殊部隊に関する見識はゼロだった。

なのに、特殊部隊創設の準備室設立から三か月後には、一期生に対する基礎教育を開始して、その一年後には基礎教育を終えた一期生に特殊戦の専門教育を開始した。この時私は、専門教育の一期生で、かつその教官であった。そして、さらに一年後、特殊戦の専門教育を終えた我々一期生は、創隊準備から僅か二年三か月で実戦配備に就いた。

一番大切な特殊戦の専門教育は、学生兼教官という聞いたこともない立場で、一年三か月前まで船乗りだった私が一人で実施したのである。だから、実戦配備の段階でも、部隊としては必要最小限の能力を保有しているに過ぎず、まだまだ発展途上だった。

他国の特殊部隊との交流もあったが、軍隊というのは、決して相手に手の内を見せない。相手があまりにもかけ離れた低いレベルなら別だが、まともな軍隊相手に見せるわけがない。巨人軍が小学生向けの野球教室を開くが、他のプロ野球チームにレッスンなどやらないのと同じだ。

しかし、個人的なつき合いとなれば話は変わってくる。守秘義務を侵すということではなく、自分で語れない分、スペシャリストを紹介してくれる。スペシャリストは、そのことしかしないシビリアンである場合がほとんどだ。だから私は、フリーフォール（パラシュート）にしろ、射撃にしろ、スクーバにしろ、ナイフにしろ、基礎は自衛隊だが、役に立つ専門技術はすべて民間人から教わった。

　個人的なコネクションは、休暇をとって、航空チケットを買って、彼らの家に行き、一緒に食べたり飲んだりしているうちにできてくる。その積み重ねでコネクションは太くなり、広がっていく。お互い守秘義務があるので、言えること、言えないことはあるが、そうして得た情報があの部隊を発展させたことは間違いない。

　私の転勤は、ようやく私自身が特殊戦というものの根っこを理解してきて、他国の彼らと普通に会話が成り立つようになった時期だった。私の異動により、世界に広がるコネクションが切れてしまうことだけは、あまりにも残念で、後輩に何とかシフトしようとしたが、「俺は、お前の肩書きとつき合っているわけじゃない。お前とつき合ってるんだ。お前の後輩とつき合うかどうかは、そいつと会って決める」と彼らから言われた。

　コネクションとはそういうものだ。だから、私の階級を下げてでも私をこの部隊に残すべきだ、と訴えたが、受け入れられることはなかった。

　防衛省は、自国の特殊部隊の現状を理解していない。部隊が存在することと、部隊として機能することとはまるで違う。

　自分たちだけで情報を入手し、それを血肉に変えられるような部隊になって初めて創隊が完了する。まだ創隊まで至っていないのに、艦艇部隊に戻れと言う。

私は自分の身の振り方を考えた。船乗りとして防衛省で働くより、これまでのように各国とのコネクションを活用し、必要ならば世界の何処にでも行って、技術と情報を持ち帰り、それを必要とする者や学ぼうとする者に伝える方が、私という人間の使い道として余程国のためになると思った。だから、退職した。

身体の一部が吹き飛んだって、それが自分で選んだ稼業だから仕方ないと思っていたが、退職して、収入がゼロになると考えた途端、恐ろしさに手が震えた。自分の腹の据わりの悪さを痛感した。

退職の辞令書を手にした時、たった一人で収入ゼロの民間人となった自分に一体何ができるんだろう、何もできないかもしれない、とも思った。自衛隊には、退路を断って入ってきたが、今度は、退路を断つために辞めた。

退路を断ったのだから、前に進むより他はない。

二日後、民間人であっても、撃てて、潜れて、平和ボケしないところに身を置くため、フィリピンのミンダナオ島に向かった。

第三章　戦いの本質

拉致被害者を奪還できるか

よく、自衛隊を投入すれば北朝鮮に拉致されたままの日本人を奪還できるのか、と問われることがある。

できるのか、できないのか、ということであれば、できる。

拉致に関する情報が少なすぎて判断しようがないだろうと首を傾げる人もいるが、その人のところには情報がなくても、あるべきところには信じられないくらいあるし、仮に情報がなかったとしても奪還の方法は幾らでもある。

また、なによりも、拉致の問題は、奪還できそうだからするとか、難しそうだからやめておくとかといった次元の話ではない。

では、その奪還は難しいのか、難しくないのか。そう問われたならば、こう答える。

一般部隊を投入して完遂できる作戦ではない。が、海上自衛隊の特別警備隊、陸上自衛隊の特殊作戦群、この二つの特殊部隊を投入すれば大して難しい作戦ではない。

ただし、奪還作戦を敢行すれば、犠牲者は出る。奪還する日本人の人数の五倍から十五倍の犠牲を覚悟しての作戦立案になる。作戦の難易度と、犠牲者が出るか否かは、別の話だ。犠牲者が出ても完遂できるのであれば、それは難しい作戦だと考えない。軍事作戦とは、そういうものである。

あらゆる解決策を模索し、懸命に和解を企図したにもかかわらず、万策尽きてなお、国家としてどうしても譲れないと判断した事柄についてのみ、軍事作戦は発動される。

その作戦に向かう者は、無論、拉致被害者を奪還するために飛び立つが、しかし、それがすべてではない。自分の国がいかなる犠牲を払ってでも実行しなければならないと信じたこと、許してはいけないと決めたこと、それを貫こうとする国家の意志に自分の生命を捧げるため、飛び立つのである。

どんなに美しい言葉で飾ったところで、軍事作戦とは、国家がその権力を発動し、国民たる自衛官に殺害を命じ、同時に殺害されることをも許容させる行為なのである。

ゆえに、権力発動の理由が「他国とのおつきあい」や「××大統領に言われたから」などというものであってはならない。たとえ同盟関係があろうとも、軍事作戦発動の根底にある目的は、日本の国家理念に基づくものでなければならない。

だから、国家理念以外の理由では、軍事作戦を発動できないようにするための規則ならば大いに作るべきだし、逆に、発動しなければならない理由があるにもかかわらず、それを阻むような憲法や法律が存在するのであれば、その存在自体が間違っている。

なぜなら、憲法や法律を制定する目的もまた、国民の目指す理想像や国家理念の実現のためにあるからだ。

もちろん、国家理念は、和をもって実現することが理想だが、論をもって説かなければならない場合もあるだろう。忍をもって耐えなければならない場合もあるだろう。

同様に、武をもって国家理念を貫かなければならない場合もあるはずである。それが、最悪にして最終の手段であることは間違いないが、武を使うことを避けるために国家理念を放棄することだけは、断じてあってはならない。

抽象的な話を繰り返したが、以上が武を発動するための根本原理であり、軍隊（自衛隊）の存在理由である。

拉致問題に関して言えば、論も充分に尽くしたし、忍も充分すぎるほどした。

しかし、問題はいまだ解決しておらず、いたずらに堪え忍ぶことを、拉致被害者とその家族に強要し続けているのが現状だ。自国の領土内から自国民が連れ去られ、誰の手によって、どこに監禁されているのかも知っていながら、日本という国は、最終手段として残されているはずの武を使うことを避けるために、状況を放置している。

もし、それが日本の理念だというのであれば、もはや国家ではあるまい。このことは、右だ左だというイデオロギーの問題ではなく、すべての国民にとって最低の認識であると思う。

国家が国家として体をなすためには、最悪にして最終の手段である武の発動に備え、心を整え、技を磨き、身体を錬磨し、軍事作戦発動の際には、それらすべてを惜しげもなく捧げられる者が必要なのである。私はそのためにこの国に生まれてきた。

日本とは何なのか

私の戦闘行動に関する知識、経験の九〇パーセント以上は、特殊部隊を辞め、自衛隊を辞めて、移り住んだフィリピンのミンダナオ島で習得したものである。

誰一人知り合いのいない、その島へ行ったのは、特殊部隊創設以来築いてきた各国にあるコネクションを維持し、世界の何処へでも行って、必要な技術、知識を習得し、日本でそれを必要とする後輩に伝えるためだった。

そのためには「撃てて、潜れて、平和ボケしない緊張感」が必須だった。ミンダナオ島は、銃が自由に撃てて、いつでも潜れる海が広がっていて、民族・宗教間の抗争や殺人が頻発し、決して治安が良いところとは言えない。だから、私が求める事柄を為すのに一番条件が合っていたのである。

ところが、物事は想定通りに行かないものである。法の支配が行き届かず平時でもない島に移り住み、決して恵まれているとは言えない環境の中で夢と希望を探して必死に生きている人たちを見ていたら、私は自分が何をしたいのかが判らなくなってしまった。

この島で必死に生きている若者より、自分がうまくいかない理由をなにかと他人に求めているように見える日本の若者を大切にするということに、疑問を感じてしまったのだ。ミンダナオ島で懸命に生きている人たちを見てしまうと、日本人は生きることを弄んでいるようにさえ見えてしまった。

自他の命を賭して人々を守る理由が、同じ国に生まれたからだというならば、その国とは何か？「国を愛している」と言う人がいるが、では、国の何を愛しているというのだろう？

感覚的には判っても、明確な答えがない。国とは何なのか、日本とは何なのか、そもそもの話が判らなくなってしまったのである。

四十二年間も日本人をやってきて、今更だが考えた。日本を命がけで守ると公言している防衛省に二十年もいながら、実は、そんなことすら自分の中で整理がついていなかったことを知った。

　生活の糧を得る手段を捨て、一人きりになって外から日本を見た途端に、それまでしてきたことも、これからしようとすることも、その理由が判らなくなった。

　しかし、ミンダナオ島で暮らしながら、なぜか私は、「ここに残ろう」と思った。そこが暮らしやすいわけでも、日本が嫌いになったからでもなかった。

　日本の国内にいたら判らない、自分の祖国の実相と自分がそこに生まれてきた理由を、島の自然と人間が、悟らせてくれるような気がしたからである。

正論が通じる島

　ミンダナオ島は、フィリピンの南部に位置し、フィリピン全土の三分の一を占めている。十六世紀半ばからのスペインの植民地化により、ミンダナオ島以外の地域では、キリスト教への改宗が進んだが、ミンダナオ島だけは、島民の激しい抵抗により植民地化が進まず、古くから定着していたイスラム教が勢力を保ち続けた。

　だから、現在でもフィリピンの国教がキリスト教であるのに、ミンダナオ島ではイスラム教徒が多数生活をしている。そして、フィリピン政府から独立を狙う武装組織と政府軍及びフィリピン国家警察との武力衝突が、今でも頻繁に起きている。

ミンダナオ島に住み着いて一か月が経過した頃、知り合ったばかりの警察官から、明日の射撃競技会に出ないかと誘われた。

私は、本気で聞いていなかった。なぜなら、各警察署対抗の競技会に外国人で元軍人の私が個人で参加するなどあり得ないし、仮にあり得たとしても、本番の前日に決められるような話ではないと思ったからである。

なのに、あまりにも熱心に誘ってくるので、「君にそんなこと決める権限なんかないだろう」と言うと、彼は、「自分に権限はないが、許可されないはずがない」と断言した。

「警察組織としては、何も失うことがないからだ」と言う。

「あなたが銃をどう扱うのか、どういう射撃をするのか、我々は得ることばかりだ。許可権限を持つ者がノーと言うわけがない」

その言葉の通り、翌日、私は射撃競技会に参加できた。しかも、競技会に参加していた百名以上のほぼ全員が、私の名前も経歴も知っていた。そして、何かを吸収しようとしていた。

一介の若い警察官の言葉は、確かに正論だったが、そんな正論がまかり通るはずがないと思っていた。自分が生きていた自衛隊では、絶対に通るはずがない理屈だったからだ。そういう理屈が通るのなら苦労はない。しかし、実際に競技会に参加できて、当たり前の理屈が当たり前に通ることが、こんなにも心地いいものなのかと思った。

ミンダナオ島の警察と自衛隊の違いは何なのか。ここの警察の規律が緩くて、自衛隊が規則で雁字搦めなのか？

そうではなかった。答えは簡単で、ただ単に、この島の人たちは真剣なのだ。自分たちの能力を上げるのに真剣で、必死なのだ。

自衛隊が真剣ではないとは言わないが、貪欲さが違う。ミンダナオ島の警察官たちは、自分の組織が存続しなければならない理由を全員はっきりと判っていて、その必要性を体感しており、だからこそ、今自分が何をすべきかをいつも考えていた。

彼らは、するべきかするべきでないかを迷った際に、根拠法規や前例、自分への評価など考えない。実施した場合のメリットとデメリットだけを考えて決める。

私の目には、彼らが上下関係にとらわれず、互いにフランクに接しているのも新鮮だった。ミンダナオ島の警察は、軍隊と同じ階級を使っている。相手を見た瞬間に階級も地位も判別できる。ところが、堅さがない。

自衛隊に半日もいれば、「俺は指揮官だぞ！」と地団駄を踏みながら絶叫しているおじさんや、上目遣いが癖になっている若い幹部に会えるものだが、あの島には存在しなかった。

組織の違いなのか、地域の特性なのか、国民性の問題なのかはわからない。が、実質主義を余儀なくされる環境だからこそ、物事への取り組み方も、人と人とのつき合いも、シンプルで正直であるように思えた。等身大の自分を見つめ、等身大の自分を晒し、等身大の仲間を受け入れている。

戦う組織に必要な、建て前のない本音だけの世界が当たり前のように存在していた。

恐るべき弟子

ミンダナオ島の様子もだいぶ判って来た頃、私は、海で生まれ育ったいわゆる海洋民族をトレーニングパートナーとした。

弟子と呼んでいるが、本当は師匠のような存在である。二十歳そこそこのラレイン（仮名）という女性だったが、彼女からは本当にいろいろなことを教わった。彼女が持てるすべてを教わったと言ってもいいかもしれない。その素性を確かめたわけではないが、性格、生活習慣、周囲の者との付き合い方を見ていると、おそらく生い立ちにおいて反政府勢力との関わりを強くもっていたのではないかと感じられた。

最初は、彼女の水に関する技術に惹かれたが、実は、陸上での技術にも長けていたし、刃物でも銃でも何でも使えた。そして、戦う技術にとどまらず、なぜ戦うのか、なぜ生きるのか、部族とは何で、国とはどうあるべきか、まで考えさせられた。

彼女たちにとって戦うという行為は、商業活動の一環ではないし、脅して何かを得るための手段でもない。お互いのどうしても譲れないものが交差してしまうから起きてしまうことであり、だからこそ滅多にないが、不幸にしてひとたび起きてしまえば、どちらかが消滅するまで終わることはない。

生き方を大切にしているからこそ戦うのだ。戦いの先にあるものも、戦いの根底にあるものも、生きていられる貴重な時間をどう過ごすのかということなのである。

そういう生き方をしてきた彼女とのトレーニングを通じて、戦うということの認識を根本からえぐられる日々が始まった。

当初は、衝突の連続だった。

トレーニングをやりたくないから難癖をつけてくるのかと思ったが、そんなことではなかった。また、実は「衝突」とも少し違った。正確には、「指導」を受けた。痛いところを突かれたのだった。当時の私には、重大なものが欠落していた。

その頃は、生身の人間を撃ったことがなかったので、射撃は狙ったところに着弾させることだと思っていた。しかし、彼女にとって射撃とは、殺意をむき出しにして、死にもの狂いで撃ってくる人間の顔を消滅させることだった。

ナイフでも、ジャングルを切り開くマシェット（山刀）についても、私は「斬ってケリがつく」ものだと思っていたが、彼女にとっては違った。

「人には二本の手と脚があるのよ。それが、うねって巻き付いて、抵抗してくるのよ。斬ったところで、相手の動きを一瞬止めることしかできない。さっさとトドメを刺さなきゃこっちがやられる。まず、身体を餌にして誘いなさい。こっちが待っている場所を斬らせなさい。それから自分も相手を斬る。斬れば相手は一瞬だけ止まるわ。そこでナイフを突き立てて、相手が硬直したところへ一気に刺し込みなさい。そうしないと身体の中に刃物なんて入っていかないわ」

ラレインの話はいつも具体的で生々しかった。

「いきなりナイフを刺し込もうとしたって、相手だってじっとしてるわけないでしょ。肉体がうねるから、そのままじゃかわされるわよ。身体の中に刃物を入れたら、三回はかき回しなさい。そうして体の内側にあるものをナイフに絡ませて、引きずりだしなさい。斬らせてから二秒以内にすべてを終わらせないと、向こうだって同じことを考えているから、同じようにやられるわよ。二人で仲良く死んでもしょうがないのよ。こっちは斬られるだけで、相手を死体にするのよ。ナイフも銃も水平に相手の身体に刺し込んで、頭か足の方向に突き上げるか、突き下ろさなきゃ、いつまでも生きているわよ」

彼女は、残像として自分の脳裏に貼りついている実体験を話していた。

こんな奴には会ったことがなかった。

それまで何人ものいろいろな国の特殊部隊員と接してきたが、話すことといえば、銃はこれだ、スコープは××社製の……、暗視装置は……、防弾ベストは……、××メートルで当てた……といったことばかり。道具も射撃の精度も大切だが、そんな会話が「ひ弱な坊ちゃんのたわごと」だったと思えるようになった。

刃物はまだしも、拳銃についても、銃口を人の身体に接した状態から真下か真上にねじ込みながら撃てと言う。そうしなければ反撃のいとまを与えてしまうと力説する。少しでも遠くから発砲して、自分の被害をなんとか減らそうという考えは微塵もない。

それは、彼女の性格が特別に粗暴だからでも、勇ましいからでもない。そこが一番有利で安全な場所だということを知っているだけなのだ。

ラレインは、物の持ち方にもうるさかった。

「あなた、人を斬ったことないでしょ」

「巻き藁や竹ならある」

「そんな固くて斬りやすいもの斬って何になるのよ。刃が転びやすいもの、生きてなくてもいいから、せめて肉を斬りなさいよね。相手が動けば刃が転びやすいし、斬っても肉が刃にまとわりついてくるわ。だから、そんな握りじゃ、ダンス（素振りのこと）はできても、実際には相手の身体の中には入っていかないわよ。握りができていなければ他のすべてができていても意味がないのよ」

それはそうだろう。戦闘中に手から刃物や銃が落ちてしまっては意味がない。

ラレインは、握力を発揮しながら手首、肘、肩を脱力するためにどうすればいいのかについても説明した。重心と支点、力点、作用点で、手首、肘、肩の位置関係がいかに重要かを解説した。

そこには、身体力学と生理学と心理学も応用されていた。彼女は、生まれ持ったセンスに基づく仮説を理論化し、実戦で確認してきたタイプだ。

私の知っている世界の一流は、みんなこうだ。学問の世界は知らないが、特殊戦の業界のみならず、あらゆる種目のスポーツがそうだ。

とっかかりは感性だが、裏付けには理論を求める。だから、非科学的な説明は決してしないし、独りよがりの理論も持ち出さない。

リアリズムの追求

ある日、私が「寝技の訓練をバドミントンコートで行う」と言ったら、ラレインが猛反発してきた。

「何で、こんなところでグラウンド（寝技）をするの？　日本人は、バドミントンコートで戦争するの？」

「そうじゃないけど」

「だったら、戦う場所でやりましょう。あなたが戦うのは、船の上？　ならば、もっと狭いところでしょ。海岸？　砂も岩もあるわよ。市街地？　ビンも棒も転がってるわよね」

「いや、何にでも基本というものがあるだろ」

「基本？　それ、何よ？　基本は確かにあるけど、今更あなたと私がしなければならない基本とは何？　ここでしかできない基本は何なの。あなたは、今考えながらしゃべっているわ。私に聞かれて、急いで考えて答えようとしている。答えが、あらかじめあるみたいなふりするのはよしなさい。嘘をつくと殺すわよ。サッカー選手は、本番をするサッカー場で練習をするわ。サッカー場でどうしてもできないウェイト・トレーニングだけを、ジムでするんでしょ。あなたが本番をする場所ではどうしてもできないことって、何よ？　それをするためにここにいるんでしょ？　それはいったい何？　答えなさいよ」

ぐうの音も出なかった。結局、その日はバドミントンコートの前の道で、とても日本での「寝技」の訓練からは思いつかない、拾ったビンの使い方を弟子から教わった。

またある日、私がラレインに手首の関節技をかけた時だった。

「あんたは、バカ？　首を狙うならわかるけど、相手の右手なんかに自分の両手を使っちゃって。何で、手を狙うの？　そんなもの〝おとり〟に決まっているでしょ。最初から手足なんか捨てているわよ。バカはね、身体の末端にあって、物が持てる手に目がいくのよ。そういうバカは、みんな死んでいったわ。やめなさいよね。自分の目と首と心臓を守りながら、相手の目と首と心臓を壊すんでしょ。手足は切り離して考えなさい。相手は、あなたがバカみたいに、手に食らいつく瞬間を待ってるのよ。その瞬間に、その無防備な目に指を入れてくるわ。それから、ゆっくり、柔らかい喉仏に全体重のかかった膝を乗せて、気管を潰す。あなたは、私の右手から急いで手を離し、自分の首をかきむしりながら死ぬ。みんな目をこんなに大きく開けながら死んでいったわ！」

興奮して、まくし立てる彼女の話は実況中継のようだった。残像がフラッシュバックするのだろう。

「あなたは、何がしたいの？　自分の身体を餌にして、相手の命を取るんでしょ。だったら、そうしなさいよ。相手を痛がらせたいの？　転ばせたいの？　腕の骨を折りたいの？　そんなことは、インチキインチキのじいさん（中国拳法の長老）にやらしときなさい」

恥ずかしながら、私は、関節技が決まれば終わりの訓練しかしていなかった。比して、彼女は、自分の片腕を捨てて、相手の命を取ろうとしていた。その発想は私にもあったが、あっただけで、そういう訓練はしていなかった。だから、関節技が決まった時点で止まってしまったのだ。

関節技は、所詮相手の関節の一つを壊すだけの方法である。無論、致命的な関節もあるが、人間は関節を二百〜三百も持っている。その一つを破壊したところで、相手の動きが限定的になるに過ぎない。確かに彼女の言うとおり、彼女の右腕を破壊している間に、目でも突かれたら、私は彼女の右腕と自分の命を交換することになる。

私に欠落していたのは、リアリズムの追求であった。射撃の仕方、刃物の使い方、寝技や関節技の件、すべて、リアリズムの追求が甘いのだ。

特殊戦の訓練を七年間続けてきたというのに、いつの間にか、実際に遭遇する環境よりも、訓練しやすい環境を優先していた。無意識のうちにである。

実戦経験の有無によるものではないかと言う人もいるが、あまり関係ないと思う。たとえば、宇宙飛行士は、宇宙へ行った経験がなくても、実際に遭遇する環境を想像し、そのための訓練を積んでいく。初めての宇宙だからといって、失敗するわけではない。

逆に、路上で犯人を取り押さえた経験のある警察官でも、逮捕術の訓練は道着を着て真っ平らな道場でするものだという固定観念から抜けられない人もいるだろう。だから、経験があるというだけで自然にリアリズムを追求できるわけではないし、経験がなくても、周到な準備をすればできないことではない。

私の経験でもそうだ。実際、自分に向かって弾が飛んできたことがあるが、その時に感じたのは、「やっぱり、こんなもんか」だった。リアリズムを追求できているか否かが大きな分かれ道になる。

もちろん、実戦経験が豊富であればあるほどリアリズムの追求はしやすい。ラレインの言動の説得力はそういうことだろう。

要するに、警察の逮捕術の訓練であれば、道場での訓練も必要だが、制服を着て靴を履いて舗装路で行う訓練が主流であるべきだし、自衛官も格闘といえば、専用の防具をつけて体育館でやるだけでなく、市街地、ぬかるみ、山の中、夜間、荒天、傾斜地など、より遭遇する可能性の高い環境で行うべきだ。

要は、訓練への向き合い方の問題なのである。

安全管理や装備品の損耗を理由に、いつの間にか、街の道場や体育の授業のような環境での訓練が主流になっていないだろうか。戦いの本番は、決して道場や学校では発生しない。その現実と向かわなければならない。本当の戦いとは程遠い、訓練ごっこに甘んじようとする心を是正しなければ、私と同様の道を歩むことになる。

水中格闘の実際

弟子のラレインと一緒に、某国の警察官に水中格闘を教えることがあった。

基となる技術は古式泳法の師範から伝授されたのだが、その際、師範は私に一つのことを厳しく命じた。

「この技術は、我々の先祖がこの国を守るために伝承してきたものだ。本当にこの技術を使うべき人にだけ伝えなさい。もし、君が生きている内にそういう人に出会えなかったのなら、君の代で途絶えてしまっても構わない」

この約束をしている以上、師範から伝授された技術を間違っても海外で教える訳にはいかない。国内であっても、その技術が本当に必要な職に就いていて、私が納得のいく死生観を持っている人以外には教えないことにしている。

だから、私の技を弟子に教えることもできなかったが、なんと海洋民族のラレインは、非常に似通った技術を身につけており、しかも、その技術は実際に使用され、日々精錬され、進化し続けているものだった。

水中格闘の理論を理解させるための座学を終え、実技のために港の桟橋に向かって歩いていると、一九〇センチ・一三〇キロはゆうにある巨漢が、一六〇センチにも満たない彼女に話しかけた。

「お前でも、さっき説明していた技が俺にかけられるのか?」

まったく悪気のない質問だったが、若干短気な彼女の目はつり上がった。そして、無言で海を指差し、それに従って海に飛び込んだ巨漢に続いて自分も飛び込むと、一瞬で技をかけ、巨漢の身体を沈めて呼吸ができない状態にした。

巨漢は技を外そうともがいていたが三十秒もすると、三回タップをして〝参った〟というサインをした。しかし、ラレインはタップを無視して技をかけ続けているので、巨漢は連続タップをしながら死にものぐるいで暴れ始めた。完全に失神させる気の彼女に「外せ！」と言ったが聞く耳を持たず、仕方なく私が飛び込んで無理矢理引き離した。

「何してんだ？　死んじまうだろ！」

「死んでないでしょ。水の中で暴れたりして、息がもつわけないのよ。本気で外そうとするなら、静かに私の隙を探すはずよ。うまくいかなかったら三回叩いて外してもらえばいいと思ってるのよ。そう思っているから、気軽に私に挑んでこられる。三回のタップなんか知らないわ。そんな習慣は、私の部族にはない」

「死んじまうだろ」

「うるさいわね、失神しただけじゃない。殺す気なら、首の骨を外してるわよ」

その数か月後のことだった。

ラレインと水中スパーリングをしていて、あの時、巨漢がかけられた技を、彼女にかけることができた。体勢としては、彼女が私を肩車しているような状態で、上にいる私だけが呼吸ができる。

彼女は、静かにゆっくりと外そうとしたが、外せないと悟ると、なんと〝かぎ脚〟という技術を使って、水中に沈み始めた。本来なら頭が水面より上に位置する私だけは呼吸ができるのだが、沈んでいくものだから、私の頭も水に没して呼吸ができなくなった。

私は、彼女の鼻に指を入れて引き上げることにより、水を飲まそうとしたり、目に指を突き立てたりしていたが、二人は沈んでいく一方だ。水深一〇メートルを越えたあたりで、私の視界が狭くなって来た。呼吸がもたなくなってきたのである。でも、「こいつより後に没しているし、運動量は向こうの方が遥かに多い。お互い呼吸ができないのなら、失神するのは向こうが先だ」という自信があった。

しかし、ラレインはどんどん深く沈んでいく。

「こいつは、海洋民族だし、子供の頃からこんなことをやってるのだから……」

私の自信はゆらいでいった。ひとたびそうなると、その先は負のスパイラルにはまり、

「こっちが先に失神する。今浮上を開始しても、水面までたどり着けないかもしれない」

という恐怖が加速度的に膨らんだ。

技をはずし、彼女の肩を蹴って、浮上するしかないが、その時、私の足首を捕まれたら絶体絶命だ。しかし、他に手段がない。限界が目の前に来ていた私は、意を決して彼女の肩を蹴って水面のほうへ離脱しようとした。すると、すぐに足首を捕まれ、さらに下へ引きずりこまれた。

「こいつにタップしても無駄だ。殺される」

あの時の巨漢の姿が脳裏をよぎった瞬間、突然、彼女は私の足首を放し、水面に向かって私を突き上げてくれた。

しばらくかかったが、何とか水面に出て久しぶりに呼吸をすると、あたりは夜になっていた。昼なのに、私は色を感じることができなくなっていた。正に失神寸前で、まだ安心できない状態であった。ここから失神してしまうこともあるからだ。この時点で彼女はまだ水面に出てきていなかったが、水中に探しに戻ることなど、とてもできなかった。

どうにか水面でダメージを回復しようとしていると、突然、彼女が私の目の前に浮上してきた。明らかに目がイッている。

「おい、俺が見えるか?」

「見えない」

私は色を感じなくなっていたが、彼女は目の前の私すら見えていなかった。私より失神に近かったのだ。にもかかわらず、その素振りをまったく見せずに、私を深みへ引きずり込み、私に勝っている。技をかけて完全に有利だった私は、あと一、二秒で殺されていた。

三十秒も経つと二人とも完全に回復した。

「スパーリングを二人だけでやるのは止めよう」

「イエス」

彼女にしては珍しく、素直に頷いた。

相手に勝つということ

戦いとは、戦闘能力の競技会ではない。競技会の延長線上にあるものでもない。似ているものでもなく、完全に異質のものだ。

たとえば、室内で撃ち合いになってしまったとする。誰もが、自分が撃ちやすい環境を望み、そういう環境を作ろうとするだろう。しかし、自分の方がわずかでも夜目が利くのなら、まずライトを撃って、真っ暗にしてしまうべきだ。

自分が能力を発揮できる環境ではなく、自分も発揮しにくいが、相手がさらに発揮しにくい環境を創出すべきなのである。なぜなら、相手の方が戦闘能力が高くとも、それを発揮しづらい状況に引きずり込んでしまえば勝てるからだ。

勝てるのは、いかなる環境においても自分の持てる戦闘能力を発揮できる為の努力を怠らず、戦闘時には、本能が拒絶する劣悪な環境に自ら飛び込んでいける者である。だから、本気で闘おうとしている者は、氷点下、飢餓状態、漆黒の闇、暴風雨、水中、ぬかるみ、熱帯、密林と、本能が拒絶する劣悪な環境下で訓練をする。

水中スパーリングで私の技がかかった時、私だけが呼吸できてラレインは呼吸ができない状態だった。彼女は何とか技を外そうと試みたが、外せないとみるや、より海の深くへと向かった。

身体を拘束された状態でより深みに入って行くことに、恐怖を感じないわけがない。しかし、彼女はあえて相手だけが呼吸できるという状態を二人とも呼吸ができない状態に変え、あとは自分が呼吸できない恐怖をねじ伏せることで、私に勝とうとしたのである。

理論的にはなるほどと思えるが、そう頭で判ってはいても、技をかけられた状態で深みに入って行くなんて、とてもできるものではない。しかし、本能的な拒絶感があっても、相対的に有利な環境に引きずり込まなければ勝機がないことを身体が理解していれば、できるようになっていくのである。

ラレインは、絶体絶命の状況から私に勝った。私は、技をかけていたにも拘わらず、あのままでは溺死させられていた。

私は、あの水中スパーリングで逆転負けして初めて、理解できたことがある。弟子にして間もない頃、小指を使って刃物を握っていた私に彼女が意見をした真意だ。

「あんた、戦ったことないでしょ？　小指が動くような状態で決着がつくわけないのよ。決着がつくのは、お互いに小指なんか動かなくなってからよ。小指は一番先に動かなくなる指でしょ。最後まで動く中指と薬指以外は、最初から使えないと思ってなさい。戦いの場で小指を使おうなんて考えるのは、戦争ごっこしかしたことのないハナタレ小僧だけよ」

耳障りな、汚い単語で喋るので、素直に聞く気が失せてしまったのだが、彼女の言うことには一理も二理もあったし、すべてに筋が通っていた。そして、その筋の根っこの部分が見えてくると、「やっぱりそうなんだ」と再確認するような気持ちになった。

なぜならば、それは私が幼少の頃から見ていた父の感性そのままだったからである。

暗殺なんて簡単だよ

また少しだけ、自分の父親の話をしたい。

一九八三年八月、フィリピンのマニラ国際空港で、マルコス独裁政権の批判者だったベニグノ・アキノ氏が暗殺された。

日体大の一年生で、地元での試合に出るため帰省していた私は、たまたまこのニュースを父と見ていた。

「軍部の関与がどうのこうのと言ってるけど、それだけ暗殺は難しいのかな」

「暗殺なんて、簡単だよ」

「簡単!?」

「簡単だな。他のいろんなこともやりたがるから、難しくなるんだ」

「いろんなことをやりたがる?」

「殺すと決めたら、それだけすればいい。他のこともやろうとするから、難しいんだ」

「……?」

「自分が生きていたいとか、ひどいのになると、捕まるのも嫌がったりな」

いつもながら、どう考えても私の人生とは関係なさそうな暗殺のコツについて、父はあれこれ説明を始めた。「どうしてこの手の話を好んでするのだろう」と強い違和感を覚えた。そのせいか、妙な会話をしたという印象は残っていても、話の細部は記憶にない。

それから十二年が経過し、私は海上自衛隊に入隊していた。

水兵として一隻、幹部になってから四隻の艦艇勤務をして、防衛大学校の指導教官という初めての陸《おか》勤務をしていた。それは、オウム真理教騒動の真っ最中のことで、警察トップを狙った事件が発生した。

出勤のため自宅マンションを出た國松孝次警察庁長官は、付近で待ち伏せしていた男が発砲した拳銃弾の四発中三発を腹部等に受け重体となった。この事件は、地下鉄サリン事件の十日後ということもあり、衝撃的なニュースとして世間の注目を集めた。

私は、防衛大学校の学生をはじめ多くの人から、同じようなことを何度も聞かれた。

「警察庁長官の狙撃・暗殺未遂事件について、どう思いますか。あの距離（二〇メートル）から拳銃で命中させるということは、プロの犯行なんでしょうか？」

誰に聞かれた時だったか、突然、十二年前の父の発言が記憶の奥の方から蘇ってきた。

「暗殺なんて、簡単だよ」

「他のいろんなこともやりたがるから、難しくなる」

「自分が生きていたいとか、ひどいのになると、捕まるのも嫌がったりな」

暗殺のコツに関する話だと思って、当時は違和感ばかりを覚えていたのに、その真意とするところが、突然、父の好んで使いそうな口調でスラスラと自分の口から出てきたのである。

「どう考えたって、ズブの素人だろ」

「えっ、素人？　何で、ですか？」

「問題は、その犯人が暗殺という任務を遂行できたか、できなかったかだ。警察庁長官は瀕死の重傷を負ったとはいえ、生きている。ということは、任務を遂行できなかったんだ。暗殺に失敗しているんだよ。その原因は、四発中一発を外してしまう距離で撃ったからだ。外してしまうような腕ならば、もっと近寄らなきゃならなかった。外しようのない距離まで寄って、生き残りようのない形状になるまで撃ち続けなきゃいけないのに、遠くから、たった四発だけ撃って、そのうちの一発を外した。ひらたく言えば、『腕もねえのに、ビビって遠くから、ちょこっとだけ撃って逃げてきたもんだから、へまをこいた』という話だよ。そんなバカ、どう考えてもズブの素人だ」

すらすらと口から出てくる自分の発言に自分が驚くとともに、あの時の父の発言とその内容は、暗殺のコツにとどまらず、父の思考過程であり、父の感性であったのだなと思えてきた。

それはまず、実行するべきか否かを決める際に、自分の何を失ってでもやる価値があるのかを判断する。その究極が自分の命であり、だからこそ、判断基準は、自分自身のものである。誰に頼まれようと、誰にどう思われようと、どんなペナルティを科せられようと、自分がするべきだと思わなければしないし、するべきだと思えば実行する。

次に、自分で決めた「失っても構わないもの」を失っても、必ず作戦は成功するような方法を考える。この究極は「差しちがい」であり、自分の生命も失うが、確実に相手の生命を奪えるということになる。

そして最後に、成功の確実性が変わらずに、自分のダメージがより少ない方法はないかを模索する。

戦いの本質に気づく

このような考え方をすると、世の中にできないことはそうそうあるものではなく、かなりのことができると思えてくる。我々は「できない」と簡単に口にしてしまうが、実は、できないのではなくて、できるのである。多くの場合は単に、そこまでしてやりたくないとか、そんなリスクを負うならやらないという話なのである。

例えば、子供と歩いている母親が刃物を振り回す通り魔に出くわしたとする。この母親は、次々と通行人を刺している通り魔から子供を守れるか？

ほとんどの人は、守りきるのは難しいと感じるだろう。

私は、確実に守れると思う。「まったく怪我をせずに」や「後遺症の残らない程度の怪我で」という条件が付くのなら無理な話かもしれない。しかし、自分が殺されても子供を守ろうと思えば、たいして難しい話ではない。自分自身を刺させてしまえばいいからだ。

通り魔が自分を刺せば、子供に逃げる時間ができるし、何より自分の体内に入った刃物を両手で押さえて抜けないようにさえしてしまえば、自分の子供のみならず、以後他の人に被害が及ぶこともない。

「人の命は地球より重い」という常套句がある。

一九七七年に日本赤軍が起こしたダッカ日航機ハイジャック事件の際、福田赳夫首相が述べて一気に広まった言葉だが、これは人命の尊さを巧みに表したフレーズである。それ以外の意味はない。自分の命が一番大切だと言っているわけではないし、命より大切なものはないと言っているわけでもない。そう私は理解している。

この言葉が一人歩きをしたのか、誤解を生んだ結果なのか、今の日本には自分の生命を賭して何かをすることは、馬鹿げたこと、または危険な思想という見方が支配的だ。

もちろん、自分の生命を軽々しく扱うべきではないし、その気もない。だが、少なくとも私には、自分の命を投げ出してでも守りたいものがある。

「暗殺なんて、簡単だよ。他のいろんなこともやりたがるから、難しくなる」

自分が大切だと決めたもののために何かを諦める。これが、父の感性である。

その感性を、私も引き継いでいる。

前述したとおり、私の戦闘行動に関する知識、経験の九〇パーセント以上は、特殊部隊を辞め、自衛隊を辞めて、移り住んだフィリピンのミンダナオ島で得たものである。知識といっても真新しい技を多く覚えたという話ではないし、経験といっても目から鱗が落ちる経験を山ほどしたということではない。

ミンダナオ島での滞在で、戦術思想が変わっただけなのである。しかし、これが変わると、使う道具、戦い方、そのためのトレーニング法等々、すべてが変わる。

なぜ戦術思想が変わったのかというと、ラレインとトレーニングをしていくうちに彼女の中の戦いの根っこの部分が見えてきたからである。それは私の父の感性と全く同じで、「自分が大切だと決めたもののために何かを諦める」という極めてシンプルで当たり前のことだった。

しかし、そのシンプルで当たり前のことを実践している人物を見なければ、私は虚像のまま歳を重ねていっただろう。そして、講釈や能書きだけが上達し、自分を肯定してくれる者だけが集まる世界に引きこもり、真っ平らな板の間で道着を着て「エイ」なんて関節技をかけて、「これが武なり」と満足していたかもしれない。

四十二年間かけて、時には虚像を演じ、時には虚像に翻弄され、いろいろな人に接し、多くの国に行き（生き）、空の世界、陸の世界、水の世界に浸り、ようやく戦いの本質が見えてきた。それは、自分の身中にあったのである。

幼少の頃から変人と思っていた父親の、世の中のルールの外側からものごとを考えているような発想や、一般社会では受け入れられない社会生活からはみ出ているような生き方が戦いの本質だった。

そういうものを避け、自分はそうならないようにしていたはずなのに、気がついたら自衛隊にいた。気がついたら特殊部隊にいた。気がついたらミンダナオ島にいた。そして、私の中に潜みながらも封印していた感性のまま生きているラレインをみて、これが俺の追い求めていたものだった、と感じた。

自分の半分も生きていない異国の女性に、それを気づかされたとき、「俺は真剣ではなかった」と痛感した。戦うということを真剣に考えていたならば、自分の中の感性にもっと早く気づいたはずなのである。そうすれば、平らなところでの訓練も、両手で相手の片手に食らいつく事もしなかっただろう。

つくづく、真剣になるということの難しさ、真摯にものごとに取り組むということの深さを思い知った。

都心の殺人未遂事件

日本にだって、日々、真剣に、ぎりぎりのところで戦っている人たちはいる。

時空は飛ぶ。

二〇一三年五月某日、正午過ぎのことだった。

都心部の住宅街を歩いていると、「助けて、助けて」という悲鳴が聞こえてきた。どこか周辺の家の中からだというのは判ったが、それほど切羽詰まっているようには聞こえなかった。「随分派手な夫婦喧嘩をしているな」というように感じられた。

ところが、すぐに悲鳴が屋外からダイレクトに響くものへと変わった。それでも私は、「お節介は止めよう」と思っていたのだが、角を曲がった所で、いきなりその現場に出くわした。手足だけでも三十か所以上は切りつけられた女性が、路上にへたり込んでいる。そして、その横に四十代ぐらいの男が立ち、包丁を女性の頬に突き刺している。包丁の先端は、女性の頬の反対側から飛び出していた。

男は、わめきながら包丁を引き抜き、再び女性の頬に突き刺した。女性は血の海の上にへたりこんでいたが、静脈からの出血にとどまっており、幸いにして動脈を切られていない。まだ十分助かる状態だった。しかし、もし次に首のあたりに刃先を突き立てられたら動脈が傷つけられ、大量の血しぶきを上げて、まず失血死するだろう。

これ以上、女性が刺されないためには、男の注意を私に引きつけるのが一番早いと思い、近寄っていった。すると期待通り、その男はすぐに女性から目を離し、私を狙い始めた。

視線が低い。その男は、私の腹部を狙っていた。べつに腹でも構わないのだが、できれば、胸とか首とかを狙って突くなり、切りつけるなりして欲しかった。その方が、武器を取り上げるテクニックとしては、動きが少なくて済むからである。

　男が私に向かってきたその時、駆けつけた正義感あふれる一人の男性が刃物を持つ男の腰のあたりに抱きついた。そして今度は、その男性のガラ空きの背中が刃物の標的になってしまった。こうなってしまえば、視線が低い高いという状況ではなくなり、私は一気に近づき刃物を取り上げた。

　刃物を取り上げると、びっくりするほど多くの人たちが、その男にのしかかり、動けないようにしてくれた。私は急いで女性の止血を始めたが、こちらも同様にびっくりする程多くの人がタオルや毛布を持ってきてくれた。

　それから五分もすると警察や救急車がやってきたので、私はお役御免かと思いきや、その先があった。警察署に行き、五時間ほど事務作業につき合うこととなったのである。民間人が現行犯逮捕をしたために、いくつかの書類を作成しなければならなかったからだ。しかし、その五時間は、私にとって得がたい体験となった。

　書類を作成するための取り調べの冒頭で刑事が私に言った。

「伊藤さん、人を刺している人間に素手で向かっていくなんて、無謀すぎます。絶対にやってはいけません。我々でさえ、警棒で刃物をたたき落としてから、相手に近づくのですから」

「その通りだと思いますが、無理せざるを得ませんでした。あのままだと、首の下にある動脈群を刺しかねなかったので……。それと、私は海上自衛隊の特殊部隊にいましたので、ディスアーム（武器を取り上げるテクニック）は知っていました。相手が刃物に慣れていないことも、すぐに判りましたのでやりました」

私の返答に刑事は戸惑っている様子だった。「名前をインターネットで検索して頂ければ、素性は判ります」と言うと、刑事はしばらく席を外した後、納得した表情で戻ってきた。

それから、その刑事といろいろな話をした。そうしているうちに、彼らの職場環境がいかに劣悪であるか判ってきた。ほんの数時間の滞在だったが、警察署内で様々な連中のグロテスクな側面を知った。

「俺だって人間なんだ、人権があるだろ。お前、なんだその扱いは」と、わめき散らしている奴がいるかと思えば、「もう帰して下さい。やめて下さい」と泣きながら懇願する声も聞こえてきた。署内には負の人間性が剝き出しになっていた。

刑事に聞くと、「こういうものなんですよ。彼らは、外では他人の人権を傷つけることばかりするくせに、この中に連れてこられると人権を主張するんです」と言う。

私は刑事に心底同情した。並大抵のことでは耐えられない仕事だと思った。

「大変ですね。何ともやりきれないですね」

「まあ、この世界に入ってきて最初に思い知るのはこれですかね。みんな希望を持って入ってくるんです。人の役に立ちたいと思って入って来るんですがね、最初の交番勤務でこの洗礼を受けるんです。自分たちが思い描いていた、困っている普通の人との接触は少ないんですよ。接触するほとんどは、ああいう普通じゃない人なんです。こんな人ばかりではないことは判ってるんですけど、たまらなくなる時があります」

書類の作成が終わり、帰る間際に訓練の提案をしてみた。

「私で良ければ、今日みたいな時の対処をお教えします。こちらまで伺いますよ。特殊部隊にこういった技を教えている、私よりよっぽど上手な稲川という男もいますので、一緒に来ますよ。もちろん、私も稲川もお金は、受け取りません。警官の皆さんにこそ必要な技術ですから。私のような民間人なら、事件の現場から知らん顔して逃げることもできますが、制服を着た警官は、そういうわけにはいかないでしょう」

「ありがとうございます。でも私たちには、勤務時間に訓練という時間はないんですよ」

「私たちは、日曜でも、祭日でも、夜中でも構いませんよ」

「休みというのも、なかなか取れなくて、休みの時は仕事から解放されたいんです。まったく別の世界で別のことを考えたいんです」

ごまかしのない辞退に、「でも、私のところに日曜や祭日を利用して、警察の方も来られますよ。訓練しに来ていますよ」とは言えなかった。

彼が逃げ腰で言い訳をしているわけではないことも判ったし、「解放されたい」というのも当然だと思った。正直に本音で話してくれているとよく伝わった。同情というと、おこがましいが、本当に大変な仕事だと思った。

なので、「そうですね、大変ですね。必要ならいつでもおっしゃって下さい」としか言えず、同時に、私を訪ねてきてくれている人たちのことを思わずにはいられなかった。

刑事も言っていたとおり、彼らは、休むべき時間を十分に確保できていない。その貴重な自由時間を使って、自分の技量を高めるために私を訪ねてくる。彼らが、どれほどの責任感を持って生きているのかということを、あらためて感じた。

日本の治安というのは、そうした人目につかない者たちの地道な努力の上に成り立っている部分もあるのだ。

彼らが訓練をしているときの眼差しを、できることなら、日本中の人に見てもらいたいと思う。心洗われない者は、絶対にいない。

私塾について

訓練を求めて、自衛官、警察官、いわゆる行政機関、法執行機関に勤務する人たちが、よく私のところに訪ねてくるようになった。それで私塾のようなものを開いている。

元特殊部隊の私塾というと、何か秘密のテクニックを教えているようなイメージを持たれるかもしれないが、やっているのは非常に地味で基本的なことである。

彼らは、隠してはいないが、公表しているわけでもない私の連絡先をわざわざ調べ、連絡を取って、スケジュールを合わせ、休みの日にやって来る。軽い気持ちや考えでは、こんな面倒なことはできない。だから、私も本気で接している。

そうすると、即戦力につながる格闘術や道具の扱い方だけに終始するのではなく、もっとそれ以前の、地味で基本的なことからはじめることになる。

具体的には、まず、何をどう食べるのかということから始まる。国家の意志を達成するために出撃する者として、特殊部隊の我々は、食べることを非常に大切にしていた。

当たり前の話だが、プロスポーツ選手と同様、身体をどうやって作り、どうやって手入れをしているのかが、能力の半分くらいを占めると言っても大げさではないからだ。コンビニ弁当やカップラーメンで身体ができるわけがない。もちろん、訓練の目的によっては三日程度食べないこともあるが、基本的には、タンパク質、炭水化物、脂質、糖質、ビタミン、ミネラルをバランス良く、規則的に摂る。

しかし、私塾に通ってくる彼らが、この食生活を一人で、不規則な勤務形態のなかで実践し続けるには、かなり手間がかかる。都会には手軽なファストフードもあれば、便利なコンビニエンスストアもある。そんな環境のなか、疲れた身体で食材を買いに行き、台所に立って調理する。食べた後の洗い物もある。これを毎日毎食続けるのは、意外に大変なことである。だが、これができないのなら、何も始まらない。

その次は、身体能力の向上である。筋力トレーニングとジョギングさえしていれば、任務に耐えうる身体ができてくるというわけではない。

大雑把に言っても、高めなければならない身体能力は、酸素負債能力（ダッシュ系）、酸素摂取能力（持久系）、筋力（ウェイト・トレーニング）、身体操作能力（俗に言う、運動神経）、特殊環境下の身体能力（体重が足の裏にかかっていない運動。鉄棒、水泳、逆立ち等）がある。この五つの能力をバランスよく高めなければならない。それも、時間がある時とか思いついたときにやるのではなく、段階的に負荷が増大していく計画的なトレーニングを長期間継続しなければ、結果は出ない。

このように、絶え間のない辛抱や節制をなぜ自分は続けるのか。続けなくてもいいのではないか。そうした葛藤を何度も乗り越えないと、たかだか、食べること、身体を作ることさえも継続することはできない。

彼らの気持ちが、軽いものではないことは知っている。だが、そうであったとしても、非日常的な現実、いつ自分たちに来るか判らない任務のために、人知れずコツコツと能力を高めていくことは実に厳しい。そのモチベーションの維持がどれほど難しいものか、私は知っているつもりだ。

平時と非常時

食べること、身体をつくることからして難しい。しかし、それらはまだ、何をどうすればいいのかが判っているだけましである。その先の「技術」を習得するのは、もっと難しい。人やタイミングによって、その習得方法が千差万別だからである。

そして、さらに難しいのが、平時と非常時の発想の切り替えである。

彼らが自分たちの存在意義を発揮するのは、非常時なのである。現行法規を遵守してさえいればことが済むという平時ではなく、状況によっては、現行法規を破らなければならない非常時なのである。

従って、訓練では、平時でありながら非常時の精神構造を模擬し、発想の根源を変えなければならない。平時の気分と、平時の発想で訓練をしても、何の意味もないのだ。

時代をまた二十年ほど前に、巻き戻したい。

一九九四年九月、二十九歳だった私は、防衛大学校の指導教官として勤務していた。関東大震災にちなんで、防衛大学校でも毎年九月一日に防災訓練が実施されており、その年も、全学生はもとより職員も参加して行われていた。

放送で想定が流されると、学生たちは隊舎から飛び出し、建物前のアスファルト道に一分程度で集合した。どの学生も、毎年行われていることなので、予定通りといった顔をしていた。整列した一四三小隊の前に私が立つと、小隊学生長が私に敬礼をして、学生の集合完了を報告した。

私の小隊の小隊学生長は女子一期生であり、かつ、防大初の女性学生長だった。

「集合終わり」

「おい、うちの小隊の任務は、何だ？」

「被災して、防大に避難して来られた方の誘導、及び食料・飲料水の配布になります」

小隊学生長の答えは完璧だった。

「そうか、そんでどうすんだ？」

「当面は、指定されている任務はありませんが、他の小隊から人手の支援依頼がくる可能性がありますので、小隊員の所在を把握しながら待機させようと思います」

きれいに準備された答えだった。

「『させようと思います』って何だ。俺に相談してんのか？」

「……」

「相談するな、自分で決心しろ。その結果を俺に報告するんだ。『させます』と言え」

「はい」

「よし、いいぞ。やれ」

小隊学生長は、回れ右をすると、「休め」と号令をかけた。学生たちはその号令に従い、〝気をつけ〟の姿勢から、後ろに両手を組んだ〝休め〟の姿勢になった。

「おい、何だ、休めって？」

「はっ、休ませています」

「なんで立ってんだ。被災民が避難してきてから、何日間この小隊の任務は継続されると思ってんだ？」

「少なくとも、二週間。おそらく、それ以上だと思います」

「なんで用もないのに突っ立たしとくんだ。寝かせろ」

「えっ、ここで、ですか？」

「そうだ。今、我々にとって一番大事なのは、体力の温存だ。一番楽な姿勢で待機させろ」

「はい」

と言ったまま、小隊学生長は直立し、固まっていた。

「何してんだ、さっさとしろ」

「号令が浮かびません」

私はしびれを切らして、小隊の学生全員に向かってしゃべりだした。

「おい、お前ら、勘違いすんなよ。劇団ごっこやってんじゃねえんだ。まじめにやれ。体付するには寝るのが一番って、幼稚園児だってわかるのに、何で立って休んでんだ。防災訓練をそう長い時間やるわけがないって計算してるだろ。訓練中に寝っ転がって怒られるって考えてるだろ。そんなことが頭をよぎるってことは、真剣にやってない証拠なんだよ。余計なこと考えないで、想定にどっぷりつかれ。体力を温存するのが一番大切と考えたのなら、そのための最善の策を実行しろ。ガキのうちから、うす気味悪い自衛隊劇団やってんじゃねぇ」

「……」

「いいか、正しいと思ってることを実行できない奴は、敵より怖いんだ。そんな奴には、絶対にさせねえ」

「……」

「おい学生長、号令が浮かばねえくらいで、固まってんじゃねえよ。大事なことは、号令じゃない。さっさと動かすことだ。普通にしゃべりゃいいだけだ」

「はい」

小隊学生長は、必死に言葉を絞り出した。

「こっ、この付近で楽な姿勢において、待機せよ」

「バカか。そんなこと言ったら、小学校の運動会みたいにお膝抱えて、背筋伸ばして、つぶらな瞳でこっちを見ちまうだろ。寝っ転がらせろ！」

「はい！　寝ろっ！」

小隊学生長は、弱り切った表情で、しかし、毅然と言った。

その号令に従って寝転んだものの、学生たちは、肩に力の入った不自然な姿勢で無理矢理横になっていた。私も彼らの近くで寝っ転がり、煙草を吸っていた。ホースを持って消火訓練をしていた別の小隊の学生が、寝っ転がっている集団、特に煙草を吸っている私を見て、驚愕の表情で通過していった。

正直、煙草は、スタンドプレーだし、自分でもやり過ぎだとは思っていた。

「そっ、そこの小隊学生長、前へ！」

その時、私より二つ階級が上の陸上自衛官が、顔を真っ赤にして絶叫しながら走ってきた。小隊学生長は、一〇センチ位飛び上がりながら立ち上がり、直立不動となった。

「く、訓練中にその態度は、な、何だ。何でそんなことができるんだ。寝転がってるって、どうなってるんだ！」

小隊学生長は、どぎまぎしながらも、激憤している陸上自衛官の詰問に対応していた。

「当小隊の任務は、被災民に対する……」

学生が私より二つ階級が上の陸上自衛官を返り討ちにしたら面白いなあ、と思って見ていたが、どう考えても無理な話であり、かわいそうになって、割って入った。

「小隊指導官です。想定に忠実に従い、その中で自分に割り当てられた任務達成に最善な行動を考えるように指導しております」

「じゃ、じゃあ、何か、えっ、し、指導官が付いていて、こういうことになったということなのか？　これは、指導した結果なのか？　これが教育現場だというのか？　海上自衛隊ではそれが、普通なのか？」

「普通です」

学生の目の前で陸上自衛隊の二佐と海上自衛隊の一尉が揉めている。

そこへ、「将補」という、私より四つ階級が上の高級幹部が訓練視察で近づいてきた。副官という秘書みたいな者を帯同している。その秘書が私のところに飛んできて、「おい、何やってんだ、部長が来られるから……」と、我々のもめ事を将補の目に入る前に止めさせようとしたが、間に合わなかった。

「どうしたって言うんだ」

将補が問うてきた。真っ赤な顔で怒鳴っていた二佐は、将補が現れると青い顔になって、冷静さを装いながら説明を始めた。その説明を聞き終わると、将補は「そりゃ、伊藤君のやりたいことは大切だ」と私に軍配を上げてくれた。その上で、「だけどな……」と、私の喋り方を厳しく指導して、ちゃんと二佐も格好がつくようにまとめてくれた。

それから五分もすると、私のところに小隊学生長がきた。

「学校本部から、校内の内線電話が途絶しているため、伝令として一名を出すように要請がきました」

「そんで？」

「一名出します」

「一名はわかってんだよ。誰を出すんだ？」

「あっ、それ、私が行きます」

小隊で一番真面目な学生が手を挙げた。

「よし、伝令の任務は？」

「正確に早く伝えることです」

また、完璧な答えが返ってきた。

「よし、それでいい。行け！」

しばらくすると、さっき伝令に出て行った四年生が、我々の前を息を切らせて通過していった。伝令として、広い校内をずっと走り回っているのだ。そして、十分もすると、また戻ってきた。

「おい」

手招きをして呼び寄せた。

「はい」

彼は肩で息をしながら、やっとの状態で返事していた。

「お前、何やってんだ？」

「何やってるって、伝令です」

見れば判るだろうと言わんばかりに、学生は軽く切れかかっていた。

「お前さっき、『正確に早く』って言ったよな」

「はい」

「どうやって、そうしてんだ？」

「命令を受ける時は、メモに言われたことを書いて、復唱して、間違いないことを確認します。そして、行った先においても、メモをとらせて、復唱させて間違いがないことを確認しています」

「ほう、そんで早くは？」

「はい、走っています」

「おめえの足は、そんなに速いのか？　そこにバイクがあるじゃねえか。乗れよ」

「ぼ、防大生は、オートバイに乗っては、いけないことになっています」

「バカか。今は非常時だぞ、校則なんかどうでもいいんだよ。お前、自分で言ったじゃねえか。『正確に早く』が大事なんだろ？　校則を守ることより大事だろ。バイクに乗れよ。一番早いだろ」

「鍵がついていません」

「鍵だと？　そんなもん、直結かませや」

「はっ？　ちょっけつかませ、って何ですか？」

「直結をかませろ、って言ってんだよ。まあいいや、バイクの話は止めようか。だったら、自転車だってあるだろ。自転車の鍵も壊せませんとか言うんじゃねえだろうな？」

学生たちは、「待機」の時も「伝令」でも、真面目に、懸命に、「想定」をこなそうとしていた。しかし、将来、自衛隊幹部として国の有事に臨む可能性もあることを自覚しているはずの彼らでさえ、平時と非常時の思考の切り換えは、こんなにも難しいものなのだ。

常識を捨てられない問題

想定とは、訓練効果を左右する極めて大切なものである。だから、本来であれば、置かれた状況が想定内なのか想定外なのかを、訓練を受けている者が自分で判断するようなことがあってはならない。しかしながら、実際にそれをやろうとすると、防衛大学校内にある車、バイク、自転車のすべてに「想定外」という札を貼らなければならなくなり、かなりの手間が生じてしまう。そのため、現実的にはそれを省略し、訓練を受けている者自身に、想定内／想定外の線引きを、常識に基づく範囲でさせている。それが習慣になってしまっている。

これが大問題なのだ。常識を持ち出してはいけない非常時の訓練をしているのに、常識による判断を強いることになるからである。

防大での訓練の時、ほとんどの学生が、バイクや自転車は「想定外」の存在であると無意識のうちに捉えていた。実際の非常時であれば、他人のバイクや自転車であっても鍵を壊してでも使うという発想が必要だが、常識による判断を強いる演習ばかりしていると、そういう発想が頭をよぎることさえなくなる。本当の非常時であっても、常識でしか判断ができないようになってしまう。

非常時とは、状況によっては規則を破らなければならない状態である。遵法精神は確かに大切で、社会生活には必要不可欠だ。しかし、それはあくまで平時の話であって、自衛官がその存在意義を発揮する非常時は、「きまりに従う」という身体に染み込んだ習慣をもかなぐり捨て、任務達成に最も適切な手段を選択しなければならない。

適切な手段が頭に浮かんでも、「それは規則で禁止されている」と無意識のうちに封印してしまう習慣を取り除くのは、そう簡単なことではない。だから、訓練が必要なのである。

しかし、この時の防衛大学校には、その習慣をかなぐり捨てることとの重要性も、そのための訓練の必要性も、認識している者はいなかった。そして、それは、防衛庁（省）全体を覆っている雰囲気でもあった。

もしも私が、学生としてあの場にいたとしたら、指導官が通勤に使っているバイクの鍵を壊して、ノーヘルで校内を走り回ったであろう。その私を見て、何人が「適切な行動をとっている」と思っただろうか？　汗びっしょりで必死に走っている学生より、私を高く評価する人が何人いただろうか？

私の二十年の自衛官生活から想像するに、皆無だと思う。いるわけがない。

そしてさらに、伝令をしていた四年生の脳裏には、「汗びっしょりかいて、頑張ってる俺は正しい」という感覚があり、また、その四年生を見ている者にも、「あいつは、あんなに頑張っていて素晴らしい」という思いがあった。

とすれば、「平時と非常時の思考回路の切り替え」の遥か手前に、問題がある。結果の如何にかかわらず、頑張ってさえいれば評価されるという、この悪習から、まずは改善しなければならない。これを放置すると、「なんで失敗したんだ？」という質問に対し、「はい、三日も寝ないで頑張ったんですが……」と答える輩になってしまう。

平時と非常時の思考回路の切り替えができないことは大きな問題であるが、実はこれは、平時の軍隊が抱える永遠のテーマでもある。

現在の防衛省は、それに加えて、いやそれ以前に、「頑張るだけで評価される」という子供じみた発想から抜け出せないところに致命的な欠陥を抱えていると、私は思う。

第四章　この国のかたち

六千万人の部族長

戦闘の実態や、戦闘の本質について書いてきた。

では、なぜ私はそうまでして戦うのだろうか。何のために生命をかけて戦うのか、戦うことができると考えているのか。

それについて突き詰めるこの最終章も、ミンダナオ島でのエピソードから始める。

ある日、弟子のラレインが額縁を持ってきた。

「これ、日本語でしょ？　何て、書いてあるの？」

日本語が見えた。なんと、それは詔書だった。関東大震災などによる社会的な混乱を鎮めるために、大正天皇が発したものだ。

「どうしたんだ？　これを、どこで手に入れた？」

「拾ったのよ」

「バカなこと言うな。これは、八十年くらい前の日本のエンペラーが出した国民に対する命令文書だ。落ちているわけがないだろ、どうしたんだ？　どっから持ってきたんだ？」

「拾ったのよ、海底で拾ったの」

海底に詔書がポツンと落ちているはずがない。これは、まちがいなく船内から持ってきたものだ。

　戦争当時の日本の沈没船の鉄板には、結構な値段がつく。品質がいいからである。だから、浅いところの沈没船は、既に引き上げられ、売り飛ばされてしまっている。残っている沈没船は、すべて簡単には行けない深海にある。現金に釣られて、危険な深海潜水をして鉄板を売っている奴らがいることは知っていた。

「これは、沈没船から持ってきたんだろ。水深は、幾つだったんだ」

「六〇メートル」

「ばかやろう、やめろ。潜水病になるぞ」

「やめるけど、そこになんて書いてあるのか、教えてよ」

「これは、一九二三年に日本の首都周辺で大地震があって、その二か月後にエンペラーが国民に出した命令文書だ」

「何て書いてあるの？　訳してよ」

「本気で訳すから、一日待て」

　翌日、その詔書を英語に翻訳したものを印刷し、仰々しく額に入れて渡した。読み終えた彼女は、「この時の日本の人口は、何人？」と訊いてきた。

「六千万弱かな」

「これ、本当にエンペラーが書いたものなの？」

「そうだよ。エンペラーというか、TENNOU・HEIKA」

「あぁ、HIROHITOね」

「違う、先代だ」

「すごいね、本当にすごい」

「何が、すごいんだ？」

「あなたの国は、すごい」

「だから何が、すごいんだ？」

「あなたは、これは、エンペラーが書いた命令文書だと言った。でも、違うわよ」

「何を言ってんだ。これは確かにエンペラーが書いたものだ」

「でも、命令なんかしてないじゃない。願ってるだけじゃない。〝こいねがう〟としか言ってないわよ」

「そういう言葉を使う習慣があるんだよ」

「エンペラーは、願うんじゃなくて、命令するのよ。エンペラーが願っても、何も変わらないでしょ。願うだけで変えられるのは、部族長だけよ」

「部族長？　天皇陛下は部族長だって言うのか？」

「〝こいねがう〟と言ってるんだから、これを書いた人は部族長なの。これは、部族長が書いた、リクエストなのよ」

「部族長か……、願うだけで変えられるか……」

「六千万人全部が一つの部族で、それに部族長がリクエストを出すっていうのがすごい。私のところとは、規模が違う」

あまりのショックで、私はしばらくしゃべれなかった。

六千万人全部が一つの部族――。エンペラーではなくて部族長――。エンペラーが願っても何も変わらない――。〝こいねがう〟と言っているから部族長――。

すべてが腑に落ちた。

同時に、激しい自己嫌悪を感じた。

なんで、ミンダナオ島の二十歳そこそこの奴から、詔書の真意と日本という国の本質とを教えられてしまうんだ。日本に生まれて、日本語を母語としていて、四十年以上日本で生きていたのに、なぜ、それが見えなかったのだろう。どうして、こいつは一瞬で見抜いたのだろう。〝こいねがう〟というたった一つの単語で、彼女は断言した。部族長であってエンペラーではないし、命令文書でもない、と。

だが、自己嫌悪の裏側には、喜びと高ぶりもあった。この島にいることで、自分の祖国の実相が見えてくるかもしれないという予感が、正しかったからだ。

部族長がリクエストを出す。それで、国が動いていく。

この詔が発せられた大正時代の日本は、彼女の言うように、「村」や「部族」とは、規模が違う。立法、司法、行政機関を持ち、国際連盟の常任理事国たる世界有数の先進国であった。

そして、国家元首が国民にリクエストを出して、国家が動いていく。これは、お互いの目指している理想社会が同じものであり、かつ、部族の中の部族長や村の中の長老のように、国家元首と国民の距離がいわゆるエンペラーよりかなり近かったからありえた話ではないだろうか。

つい最近まで国家元首が〝こいねがう〟ことによって、国家が動いていた。ここに私の祖国日本の本質があるように思えた。

しかし、ラレインには、今の日本にこういった形の詔がないことも、天皇と国民の関係が当時とは異なることも説明しなかった。私には、彼女が納得する説明をできないと思ったからである。敗戦後の日本国憲法によって云々と言っても、彼女は全く理解しないだろう。部族にとってそんな大切なことを変更したのなら、部族の大半が納得した理由があるはずだと問われ、私はそれに答えられないと思った。

この当然の疑問が、やがてもっと大きなものとなって私に返ってくる。

あなたの国は、おかしい

ある日、私を訪ねてきた彼女は、おもむろに話し始めた。

「あなたの国は、おかしい」

「突然、何だ」

「私の処は、過去に三回、近くの部族に占領されたことがあるの。占領されそうな時は、老若男女を問わず命を賭けて戦う。当たり前でしょ。もし占領されたら、それまでの風習、習慣を陰で伝承して、占領している奴の首を狙う。必ず、絶対に、何があっても、いつか切り落とすわ。自分の代でできなければ、子供の代、子供ができなければ、孫の代、それもだめならその次、その次……。永遠に狙い続け、絶対にあきらめない。そして、首を切り落としたら、こっそり伝承し続けてきた風習、習慣に一気に戻すの。当たり前でしょ」

黙って聞く私に、彼女は話を続けた。

「掟というのは、若い人がつくるものじゃないわ。通りすがりの旅人がつくるのでもない。ましてや、向かいの島の奴がつくるなんて、あり得ないのよ。この土地に本気で生きている者のために、この土地で本気で生きた祖先が残してくれるもの。それも、長老が自分の生涯を閉じる直前に修正をして次の長老に渡して、試行と修正を数限りなく繰り返してきたものよ。だから、この土地に生きる者にとってどんなものより大切なものなの。もう、つくれないからね。そこには、我々が許してはいけないこと、許さなければいけないことのすべてがあるのよ」

私は、次にどんなセリフが来るのか判っていた。彼女がなぜ、日本の憲法が制定された経緯を知ったのかは謎だが、おそらく、知ったその足で私のところに来たのだろう。

「あなたの国の掟は、誰がつくったの？」

「……」

「あなたの国に本気で生きる気のある人が作ったものでなければ、その土地に合うわけがないのよ。あなたの国に元々あった掟はどうしたの？」

「……」

「掟はなかったの？　それとも、使えないほどくだらないものだったの？」

「あったし、くだらないものではない」

「太平洋の向こうの奴がつくったものより駄目なものだったの？　そんなものしか、あなたの祖先は残してくれなかったの？」

「そんなことはない……」

私は、蚊の鳴くような声で何とか答えた。

「なんで、アメリカの掟がそんなに大事なの？　何があるの、どんないいことがあるの？」

「……」

彼女は、淡々と問いを重ねたが、私は、自分の胸に刃を何度も何度も差し込まれている気分だった。

「その掟を大事にしてれば、アメリカが何かしてくれるの？　あなたの国に原爆を二発も落とした奴にして貰いたいことって、いったい何なの？」

「……」

「原爆」「落とした奴」「して貰いたいこと」、これらのフレーズが頭の中をグルグルと巡っていた。特に、「して貰いたいこと」は心に突き刺さる言葉だった。

「あなた、守って貰いたいの？　アメリカは守ってくれるの？」

「……」

限界だった。うつむいていた顔をあげて、彼女に言った。

「もういい、判った。やめろ」

「やめないわよ。あなたは、守って貰ってうれしいの？　あなたは、平気なの？」

「……」

彼女の口調が強くなっていった。私は、延々、言われ続けた。罵詈雑言も浴びただろう。だが、その半分も記憶していないし、ここに書いているのは、記憶の中の十分の一にも満たない。

「判った。もう、いいだろう」

「今からが、言いたいことよ。聞きなさい。あなたは、日本を守るためにここに住むって言ったわよね。みんな信じてるわよ。だから、あなたはここで生きていられるのよ。そのあなたも、他人が作った掟を守ろうとしてるの？　だったら、そう言いなさい。他人の作った掟に従って生きていくような者がこの土地に生きることを、誰も絶対に許しはしないわ。十二時間以内に、あなたは生き物じゃなくなるわよ」

「……」

殺害予告だった。脅しでもなんでもない。本気で私の命をとりに来るだろうと思った。しかし、危機感も恐怖感もまるでなかった。自分で、俺は殺されてもしょうがない奴なんじゃないか、と思った。心のどこかで、殺されてしまいたい、と思っていたような気もする。

「祖先の残してくれた掟を捨てて、他人が作った掟を大切にするような人を、あなたは、なぜ助けたいの？　そんな人たちが住んでいる国の何がいいの？　ここで生きればいいじゃない。この土地に本気で生きている人たちと一緒に生きればいいじゃない。みんな、あなたのことが大好きよ」

「……」

「みんなと一緒に、ここで生きなさいよ。どうしても、祖先が残してくれた掟を捨て、他人が作った掟を大切にするような人を守りたいというのならそう言いなさい。私は、そういう人と同じ時間を生きないの。どちらかが死ななければならないわ」

こたえる批判だった。反論しようとする意志もおこさせない言葉だった。心の真ん中に突き刺さった。今でも突き刺さっている。

それと同時に「私は、そういう人と同じ時間を生きないの。どちらかが死ななければならないわ」という言葉に心の奥が揺さぶられた。これがまさに「自分が大切だと決めたもののために何かを諦める」という生き方、戦いの本質そのものだったからである。

勝てそうだからやる、負けそうだからやらない。

孫子の兵法（無論、学ぶべきことは多くある）に感心している輩には理解できない感性かもしれない。国益追求で戦争をするようなものとも別次元だと思った。

私の人生にとって、ミンダナオ島での日々と、海洋民族の弟子との出会いは、あまりにも大きい。ずっと追い求めていた「戦いの本質」が自分自身の中にあることを気づかせてくれたからだ。

帰国後の煩悶

しかし、それにも増して大きかったのは、曖昧な主体性の祖国が激しく批判されたことだった。他国の意志が大きく影響しているように見えてしまう祖国の国家姿勢に対して、不信感の根本を突きつけてくれた。

そして、そのことから目を背けていた自分と向かい合わせてくれた。

ラレインに「あなたの国は、おかしい」と詰め寄られた数日後、私は日本に戻ってきた。自分が祖国でやるべきことを探すためというより、あそこにいる資格のない自分を見せつけられ、立ち去るしか方法がなかったというべきかもしれない。

日本に戻ってきて悶々と考えた。

ラレインに突きつけられた言葉、「祖先の残してくれた掟を捨てた」「他人の作った掟を大切にする」を何とか否定しようとしたが、できなかった。

そこを考え始めると、問いがどんどん広がっていく。海上自衛隊で、そして特殊部隊で、自分はなぜ日本を守りたかったのか？　日本のどこを守りたかったのか？

それらの問いのいずれもが、そう容易に答えの出るものではなかった。

何を学んできたのだろう？

今までの人生とよくよく向き合ってみた。そうして思い出すのは、それまで体験してきた数々の出来事だった。

時期も立場もバラバラな記憶の断片――。

それらに共通しているのは、どれもまた、希有な体験であることと、日本人である自分の不甲斐なさを思い知らされたことだった。

黒人奴隷の話

艦艇勤務をしていた二十七歳の時、太平洋沿岸数か国の海軍が一か月余にわたって実施する「リムパック」という合同演習に参加した。私の任務は、米国の航空母艦「キティーホーク」に乗艦した英語が少々苦手な司令官を、いわば付き人のように補佐することだった。

居室として私にあてがわれたのは三人部屋の士官寝室で、ルームメイトは、白人で歯医者の大尉と黒人で艦橋勤務の中尉だった。

キティーホークの艦内は巨大で、床屋から映画館、病院、教会まで何でも揃っており、まるで一つの町の機能が丸ごと海の上を進んでいるかのようだった。その規模を実感しつつ、あらゆるオペレーションが円滑に機能している様子を興味深く観察する日々を過ごしていた。

そのうち、ふと、あることに気づいた。毎週月曜日になると、ある決まったエリアで、黒人と白人のペアが三十組くらい列を作っているのだ。「いったい何なんだろう」と不思議に思っていた三週目位の時、そのペアが並ぶ列の横を歩いていたら、ちょうどルームメイトの黒人と出くわしたので、わけを訊いてみた。

「おい、ジャフ、この列は何？」

「ああ、軍事裁判だよ」

「何で、黒人と白人なんだ？」

「黒人が悪いことをした奴で、白人がそいつの上官だ」

「本当かよ？　全部か？」

「全部だ。そういうもんだ」

「悪いことをしてるのが必ず黒人なんてわけないだろ」

「信じられないなら、エイティーフォー（84：軍刑務所の俗語）に行ってみろ。牢屋の中にいるのは、みんな黒人だ。でもな、すべての黒人が犯罪を犯すわけじゃない。犯罪を犯すのが黒人なだけだ！」

「いや、だから、悪いことするのは必ず黒人だなんて、ありえないだろ」

「日本人は、黒人の歴史を知らないからなっ！」

次第に、話のやり取りがけんか腰になってきていた。彼が、こんなことを訊いてきた。

「お前のおじいさんは人間から生まれただろ?」

「当たり前じゃないか。お前のじいさんは違うのか?」

「ああ、違う。俺のおじいさんは人間から生まれたんじゃない」

「へぇ。じゃあ、何から生まれたんだ?」

「俺のおじいさんは、人間じゃなくて奴隷から生まれたんだ」

彼は、たたみこむように言った。

「わかるか? 鍵ってものは内側から自分で閉めるもんじゃない。外側から白人に閉められるもんだ。食べたいもの? 好き嫌い? そんなものはない。あっても意味がない。白人から与えられる餌を食べるだけだからだ! 恋愛? 冗談だろ。白人が決めた異性と同じ檻に入れられられるだけのことだ!」

「……」

絶句した。てっきり、アメリカ人特有のジョークで場を和ますのかと思ったが、そんな考えは甘かった。「鍵は外から閉められるもの」、「与えられる餌」、「同じ檻に入れられる異性」、あまりにも衝撃的だった。

「奴隷解放って、いつだか知ってるか?」

「知らない」

「日本人は知らなくてもいいんだ。関係ないからな。俺が生まれる百年前だ」

ジャフは、私の一つ年下だから、一九六五年生まれだ。ということは、一八六五年。

「そんなに最近なのか……」

「でも、俺は海軍中尉だ。白人に命令をしている」

「お前のじいさんは、自分の孫が白人に命令していることを知ってるのか？」

「知ってるよ」

「どうなんだ？　奴隷から生まれた自分の孫が白人に命令しているって？」

「夢だ。そのうち、黒人の大統領だって出るかもしれない」

「そうだな……」

バラク・オバマが初の黒人大統領として就任したのは、この十七年後だった。

「でもな、俺たち黒人は、権利をプラカードに書いてデモしたわけじゃない。バスケットだって、野球だって、『やらせてくれ』って言ったんじゃない。白人が、『やってみるか？』と言った時に凄い成績を残してきたんだ。『認めてくれ』なんて言ったんじゃなくて、認めざるを得ない結果を積み重ねてきたんだ。差別をひっくり返すにはこれしかない。

主張じゃない、要求じゃない、認めざるを得ない結果なんだ」

「そうか……」

日本人である自分にとって、これまで、まったく他人事だった黒人の歴史に、圧倒されるばかりだった。

しかし、このエピソードには続きがあった。

ネイティブアメリカンの話

その次の日、昼食を食べていると、仲のいいネイティブアメリカンが私の隣に座った。食事をしながら喋っていると、ふいに訊ねられた。

「お前は、何でジャフと一緒にいるんだ？」

「ルームメイトだし、ランニングメイトだからな」（※ランニングメイトは、年齢も階級も近い世話役を示す俗語）

「そんなに一緒じゃなくたっていいだろ？」

「ん？」

「ジャフは、黒人だぞ！」

黒人だから、何なんだ？　前日、奴隷の話を聞いて衝撃を受けていた私の中で、似合わない正義感が沸いてきた。

「お前は目が見えてんのか？　俺は見えてるから、ジャフが黒人だってことは、三〇〇メートル先からだってわかる。黒人だから何だ！」

「そう、あいつは、黒人だ。黒人っていうのはなあ、生きていたいからって奴隷になったような奴らだぞ」

「……」

「俺たち黄色人種は、そんなことしない。日本人だってしないだろ」

「しない……」

「そうだろ。誇りがあるんだ。ネイティブアメリカンは、奴隷になることより、死ぬまで戦うことを選んだ。だから一千万人が殺された。九五パーセントが死んだ。日本人も死ぬまで戦うことを選んだじゃないか」

「一千万！　ああ」

「マッカーサーは逃げたけれど、イオージマ、サイパン、日本人は全員死ぬまで戦った。カミカゼは米海軍の空母に突っ込んでいった。爆弾を身体に括り付けた少年が戦車の下に跳び込んだ。本土が焼かれても、焼かれても戦い続けた。原爆。それも二発だぞ。落とされて、銃もない、弾もない。それでも墜落した爆撃機の乗員に、若い母親が焼き殺された赤ん坊を背中に縛り付けて竹槍で向かっていった！」

「わかってる……」

「その国の戦士のお前が、何で黒人と仲良くなれるんだ！」

「……」

彼はどんどん興奮して、まくし立てていた。前日、ジャフと奴隷の話をしていなかったら、間違いなく彼と意気投合して、黒人を忌み嫌い、ジャフとはあまりしゃべらなくなったと思う。しかし、奴隷の話を聞いた翌日に、黒人をさげすむような言葉を聞き流す気にはなれなかった。

「お前は、黒人の悪口を言ってるけど、その黒人と同じ米海軍に属して、同じ空母に乗ってるじゃねえか。インチキアメリカ人なんかやってねえで、独立戦争しろ！」

「……そうなんだ」

興奮してけんか腰だった彼が、急にうつむいた。今までジェスチャーで振り回していた手をテーブルに置いたかと思うと、その手に彼の涙が滴り落ちた。私も彼に触発されて血の気が上がっていたが、急に胸を締め付けられたような苦しみを感じて、もらい泣きしそうになった。

「……すまなかった」

本当は、もっと多くの言葉で謝罪したかったが、これ以上何か話すと涙がこぼれそうでしゃべることができなかった。民族の持つ悲しい歴史を知りもせず、取り返しのつかないことを言ってしまったと思った。

二人とも食事を続けられるはずもなく、隠さずに、堪えずに、とめどなく涙を流している彼の隣で、私は天井を見上げては、長く目をつぶったり、まばたきをたくさんしたりしながら考えていた。

俺にあんなことを言う資格はない。俺こそ、こんなところにいていいのか？　今俺が乗っているのは、わずか五十年前に海軍の先輩たちが特攻機に乗って突っ込んでいった米海軍の空母なんだぞ。特攻の映像は白黒だが、あの時の海も空も今と同じ色だったんだ。突っ込んでいった先輩は、何を守るために命を捧げたのか。残った者は、それを守れたのか？　守らなくてもいいものだったのか？　守ることをやめてしまったのか？

それとも、終戦を契機に日本人は、ネイティブアメリカンの彼が言うような黒人的生き方に変えてしまったということなのか？

私の目の前にいる彼は、ネイティブアメリカンの現実をはっきりと理解し、認識していた。だから、現状に甘んじている自分に涙を流した。堂々と涙を流せた。

対して、私は、自分が日本の現実を知ろうともしない。と言うより、気づいているのに、気づいていないふりをしている気がした。だから、涙を流すことすらできなかった。

では、自分が目を背けている日本の現実とはなんだろう。日本は、戦争に負けて、国としてのあり方を変えたのか、変えていないのか？ 実は、変えたくせに変えていないふりをしているのではないのか。それも自主的に変えたのではなく、強制的に変えさせられたのに、そこをうやむやにしようとしているのではないのか。

民族として、国家として一番してはいけないことをしている気がしていた。

トロい奴は餌

ラレインに日本の憲法の話で問い詰められる二年程前、こんなことがあった。

仕事を手伝っていたダイビングショップの仲間が、首を切られて入院した。彼の友だちが、私に銃のことについて聞いてきた。

「あいつが、病院に銃を持ってきてくれって言うんだ。あんたにどんな弾がいいか聞いて、買ってきてくれって言ってんだよ」

「なんで病院で撃つんだ」

「犯人は捕まってないし、恨まれてるから、病室に来るかもしれないって。来たら撃つしかないだろ」

「そうか、病室か。最初の三発は、どうせ照準できないでトリガー引くだろうし、まわりに人もいるから、高いけどフランジブル弾（粉体金属を押し固めた弾丸）を三発。四発目からは〝どどめ用〟に一番安いの（鉛剝き出しの弾丸）でも入れとけ」

数週間後、彼は退院し、ダイビングショップの仕事に復帰した。ただ、現地の警察が殺人未遂程度で真剣に捜査するはずもなく、犯人は未だ行方不明で野放し状態だった。彼は、いつもビクビクして精神的にも衰弱し、周囲の同情をかっていた。

ある晩、いつものバーでみんなが集まって飲んだ。そして、首を切られた時の状況を本人が話し始めたので、みんな夢中になって聞いた。私もラレインも、その輪の中には入らなかったが、聞いてはいた。

話し終わった本人が、あの時自分はどうすればよかったのかと、私に聞いてきた。テクニックとメンタルの二つの切り口で説明しようとしたら、突然、ラレインが口をはさんできた。

「あんたさぁ、あり得ないのよ、首だけ切られるって。おかしいのよ」

「でも、俺は切られてんだ」

そう言って彼は、自分の首の傷を指さした。

「あんたは、ナッツなのよ（馬鹿という意味）。椅子に縛って、手錠をかけたって、顎を引かれて肩でも動かされたら、そんなところ切れるもんじゃないわ。そいつの髪の毛でも掴まない限りね」

みんなは被害者の立場でものを考えていたが、彼女は加害者の立場で考えていた。

「あんた、立ってたんでしょ？　しかも、両手がフリーで使えたんでしょ？　そいつのナイフがあんたの首に入り込んでいく時に、あんたの腕は何をしてたのよ」

「……」

「さばきもせずに、バカみたいに指を思いっきり開きながら〝前へならえ〟みたいにしてたんじゃないの。しかも、刃物が首に入り込みやすいように力んで首を固くしてたでしょ。あんたみたいのは、どんなに訓練しても無駄よ。そういうふうにできてんの。あんたは餌なのよ。何かに食べられるためにいるのよ」

「帰るぞ」

友達に「餌」などと言い始めた彼女にいたたまれなくなって、連れ出そうとした。

「あんたの首を切った奴もナッツよ。何で首を縦に切るのよ。相手の首まで刃物を到達させたのに頸動脈を切らないバカなんかいないわ。普通は、水平にナイフを往復させて左右の頸動脈と気管丸ごと切るのよ。挙げ句に、トライアングル（喉仏の下）に差し込まないなんて、そんな奴は、まな板の上の魚にだって逃げられるわ」

「行くぞ」

「おかしいのよ、人間は！　どんな生き物だって食べて食べられ、生きていくのよ。狩りのできない奴は餓死、トロい奴は餌……」

ようやく店から連れ出したが、彼女は、別段、興奮しているわけでもなかった。

殺し殺されるルール

「私の何が間違ってるのよ」

「言いたいことは、たくさんあるけど、俺の中でもまとまらない」

「私もね、判んなくなってるの」

さっきまで言いたい放題だった彼女が、急に逡巡の色を見せた。

「あなたが盲腸になった時、こいつは死ぬべき奴だと、なぜか思わなかったのよね」

「何だと？　俺が死ぬべきだ？　よくわからないだろ。説明しろ」

私は、この一か月前に虫垂炎を患い、手術を受けた。ミンダナオ島の消毒機能がほとんどない病院で開腹し、盲腸を摘出した。

私はその時、感染症を併発しなかった自分の強運に感謝したが、彼女はまったく違う目で私を見ていたのだ。

彼女にしてみれば、腹を開けて内臓を取り除かなければ死んでしまうような奴を生き長らえさせる手術という行為は、自然の摂理に背くものでしかない。なのに、私が手術を受けた時、彼女の中では、「こういう手術はフェアじゃない」という想いと同時に、「こいつを死なせたくない」という想いがあり、葛藤が生じたのだという。

彼女の論理は非常にシンプルで、まさに自然の摂理そのものだった。

「動物が群れを襲う時、殺すのは一匹よ。一番弱い者が殺されて、その結果、他の者は生きながらえるんでしょ。襲う方だって、仕留められなきゃ餓死するのよ。だから、一番弱い一匹が殺されることによって、すべてが生き長らえる。殺し、殺されながら共存しているのよ。そのためのルールがあるわ。全部を生き残らせようとしたら全滅するし、必要以上に殺してしまえば、自分が飢えるようになってるの」

そういう自然の摂理と、それに逆行しているかのような人間の医療行為とが、彼女の中では相容れなかったのだ。

しかし、彼女がその葛藤を吐露してくれたおかげで、私は、胸の中でつかえていたものがスッと消えていくのを感じることができた。

「殺し、殺されながら共存している」

「そのためのルールがある」

「全部を生き残らせようとしたら全滅する」

「必要以上に殺してしまえば、自分が飢える」

この約五年前、ラスベガスでのある出来事以来、ずっと腑に落ちないままだった大きなものを解消させるのに、彼女が説く「自然の摂理」の説得力は十分すぎるものがあった。

進駐軍の記憶

年に一回、アメリカのラスベガスで開催される国際武器見本市のようなものがある。各国の武器メーカーが新製品を展示するので、それこそ世界中から銃とナイフで飯を食っている人間が集まってくる。買いつけ目的の者や、最新の情報を取るために来る者、記事の取材に来る者などさまざまだが、そんな彼らとは異質な雰囲気を身体つき、顔つきから漂わせているのが、武器メーカーのモニターやデモンストレーターたちだ。

彼らのほとんどは元特殊部隊員である。そんな連中が年に一度集まる場なので、特殊戦業界の同窓会のような趣もある。

その見本市に、私は現役の特殊部隊員の頃から訪れていた。そして、ある有名なアメリカの銃器メーカーの社長と話す機会があった。

「最近の君の国はパワーがない。最近どころではない。だいぶ前からない。俺は、知っているんだよ。君の国がどう変わっていったかをこの目で見てきた」

「この目で見たって、日本にいたことでもあるんですか？」

「ある」

「いつ頃ですか？」

「戦後すぐの日本に行った。一九四五年八月、戦争は終わった。アメリカ史上最悪の戦争だった。激戦に次ぐ激戦で人的損耗が激しくて、日本と戦火を交えた軍人をそのまま日本に進駐させることはできなかった。日本人に対して恐怖感を持っている者、恨みを持っている者が多く、彼らだと問題を起こす可能性が高いからな。だから、戦火を交えたことのない私のような若い軍人が本土から派遣された」

「あなたは、陸軍だったんですか？」

「いや、君と同じ海軍だ。だから横須賀にいたよ」

その人は、ビジネスで成功していることもあってか、上品で物腰も柔らかい白髪の紳士だった。

「いつまでいたんですか、日本に？」

「君の国を独立させるまでの七年間だ」

君の国を独立させる？　カチンときた。少し高い位置からこちらを見ている腹の底が見えたが、本人には悪気はなく、私を挑発しているわけでもなかった。

独立させてもらったのか、自分でしたのかはともかく、自分が生まれる僅か十二年前の日本はまだ独立していなかったというわけだ。その事実を、私はしっかりと認識できていない気がした。

「私たちは、日本を離れる時にたくさん土産を買った。何が流行ったかわかるか？　硫黄島の置物だ。星条旗を六人が山頂に掲げている有名なオブジェだ。アーリントン墓地にもその碑がある」

「知っています」

「その置物を二つセットで買うんだよ。一つには『Made in Occupied Japan』（占領されている日本で作られた製品）、そして、もうひとつには『Made in Japan』（日本で作られた製品）と刻印が打ってある。占領時代のものと、独立させてやった以降のものをセットで買った。そう怒るなよ。聞いて欲しいことがあるから話してるんだ」

さきほどの「独立させる」でカチンときているのに、「占領」とか、「独立させてやった」とか、ずけずけ言われて、おそらく私の眼はつり上がっていたのだろう。

「私たちは、苦労して苦労して日本を占領した。占領している最中に、日本人にとって最も屈辱的な硫黄島の置物を作らせた。七年後、独立させた。そして独立させた後も、その屈辱的な硫黄島の置物を作らせた。その二つを見ると、最高の気分だった。占領したし、独立もさせた。独立させた後も、この屈辱的な置物を作らせている。物質的にも、精神的にも完全勝利した気分になった。そんな顔するなよ。怒って殺さないでくれよ」

「聞きます。殺しはしません」

必死でこらえたが、どうしようもないほど顔がこわばっているのは判っていた。偉そうにしゃべっているこいつよりも、そんなものを作ってしまう、その当時の日本人に腹が立っていた。そうまでして飯が食いたかったのか、だったら餓死すればいいじゃないか、餓死の方がよっぽど清々するだろ、と思った。

貪欲な支配者

しかし、私の父の世代は、日本を再興させるため、その耐えがたい屈辱を受け入れた。そして、私情を捨て、死ぬことと殺すことばかりを考えていたはずの戦争に引き続き、今度も私情を捨て、祖国を再興させるために粉骨砕身して生きてきた。だが、この時の私は、そうした先人の想いに頭がまわらず、勝手に感情を高ぶらせた。

「でもな、それが君の国の、私の国への復讐の第一歩だったんだよ。私たちは浮かれて買った。日本は、その資金を元に工業を再興した。独立して十年ちょっとで車を売りに来た。自動車大国のアメリカに、木と紙の家に住む日本人が車を売りに来たんだ。ロシアを負かし、アメリカと三年半戦争して負けたのに、今度は経済でアメリカに迫っている国。日本は世界からもてはやされ始めた。終戦直後の日本を知っている私は、信じられなかった！」

彼の語気に力が入ってきた。

「私たちは悔しくて、エコノミックアニマルと呼んで、みんなで蔑もうとしたが、まったく歯が立たなかった。値段だけではなく、品質も世界のトップクラスになっていった。その十年後は、とうとう、ジャパンアズナンバーワンだよ。世界が日本の真似をし始めた。そのまた十年後には、ロックフェラーセンターを買いに来た。アメリカの象徴、ハリウッドのコロンビア映画も買いとられた。あんなに苦労して焦土にして、心の中まで叩きつぶしたのに、たった四十年でアメリカが日本に買い取られる。ホワイトハウスも買い取られるんじゃないかと思った。でも、抵抗のしようがないんだ。戦争じゃないから、原爆を落とせないんだよ！」

彼は、決して言ってはいけない台詞を幾つも口にしたが、もう私の眼はつり上がらなかった。先の大戦では、日本の本土だけでも、原爆、空襲で百万人以上の非戦闘員が殺傷され、全戸数の二割が被災したといわれている。そして、彼が言うように、物質面だけでなく、心の中まで潰されたような状態だったのに、たった四十年で、今度は、経済という抵抗不可能な方法でアメリカに攻めていった。

「でもな、突然やめちゃったんだよ。ブラックマンデー（バブル崩壊）程度でどうしたって言うんだ。何でやめてしまったんだ。今なんか、見る影もないだろ。その昔、世界のどこに行っても、日本の商社マンがいたよ。私はアマゾンの奥地で会った。ものすごいパワーだった。こんな連中には、勝てないと思った。でも、今の日本人にあの頃のパワーはない」

確かに、と思った。あの頃の、なりふり構わぬモーレツ社員は、どこへ行ってしまったのだろう。そういう単語すら死語になっている。

「それに比べて、私の国を見ろ。おなかいっぱいになっても、食べるのをやめないぞ、その手を緩めないぞ。日本人は、空腹の時はもの凄いけど、ちょっと満ち足りるとやめてしまう。戦意を喪失する。満ち足りても、満腹でも、貪欲に食わなきゃ勝てないんだよ」

ジョークのつもりなのだろう、彼は、自分の大きな腹をポンポンと叩いてから、私の腹を指さした。

なんとも口惜しい話だった。

私はビジネスマンではない。だが、どうして日本のモーレツ社員たちが手を緩めてしまったのかと残念に思う。ホワイトハウスまで行って欲しかった。百万人の非戦闘員を虐殺された復讐を、殺戮ではない方法で果たす。何とも痛快な話じゃないか。なのに、どうしてやめてしまったのか。目の前まで行ったのに、なぜ先に行かなかったのか、行けなかったのか。

そう考えると、残念でならないのだが、彼がせり出した自分の腹を叩きながら口にした台詞は、生理的に受けつけることができなかった。

「おなかいっぱいになっても、食べるのをやめない」

「満ち足りても、満腹でも、貪欲に食わなきゃ勝てない」

うまく当てはまる英単語が見つからず、長々と説明する気も失せて彼に言わなかったが、私の頭には「はしたない」という日本語が浮かんでいた。

満腹なのにまだ食べるという行為に強い抵抗を覚え、これ以上は「はしたない」と思い、日本のモーレツ社員たちは経済進出の手を緩めたのだろうか？

私がそう思っていたのなら、たとえアメリカ人には理解できなくても、どんなに長々とした説明になったとしても、「お前たちは、はしたない」と彼に伝えたはずだ。我々には腹八分目の文化と美学があるから手を緩めたんだ、と言ったと思う。

経済について私は知らない。けれども、バブル期の日本人に自制心が働いた結果、経済成長が止まったという話は聞いたことがない。反対に、アメリカ経済の逆襲に負けたと言う話ならいろいろなところで耳にしている。たとえ「はしたない」振る舞いであっても、どこまでも貪欲な存在が結局は勝つということなのだろうか。

受け入れられないが、否定しきれない。この大きな胸のつかえを綺麗に流し去ってくれたのが、約五年後にラレインが主張した自然の摂理だった。

「殺し、殺されながら共存している」

「そのためのルールがある」

「全部を生き残らせようとしたら全滅する」

「必要以上に殺してしまえば、自分が飢える」

腹八分目というのは、日本の文化というよりは、自然界のルールなのだ。

満腹になっても食べ続ける戦いがあるかのように思ったが、それは間違いだった。食べ続けるための行為は、もはや戦いではない。それは、完全に自然界のルールを無視した、殺戮に過ぎない。

狩猟民族が行う狩りと、スポーツとしてのハンティングが別物であるのと同じことだ。

民族の尊厳と自立を守るための戦いは、富や快楽を手に入れるために行う戦争とは、明らかに区別すべきものだ。

そう考えると、テロリストも、イコール社会秩序を破壊する者だと決めつけるのは早計かもしれない。実は、満腹のくせに、更なる富や快楽を手に入れようとする勢力に追い詰められた者の断末魔の抵抗ともいえないか。その抵抗を排除しようというのが、「テロとの戦い」なのではないか、と思えてくる。

満ち足りてなお、資源、市場の獲得のために活動する軍隊こそ、自然界のルールを無視した人類の敵、いや自然界の敵ではないのか。そういう国と歩みを同じくするのが日本の目指す姿なのだろうか？

「はいはい」と言うことを聞いているうちに、一番したくないことをするはめになるのではないのか、と思ってしまう。

三回目には皆殺し

一九九八年十月。イージス艦「みょうこう」の航海長だった私は、韓国海軍創設五十周年国際観艦式に参加するため、釜山の近くの鎮海《チンヘ》という街にいた。

翌日の国際観艦式の航行要領に関する会議に参加したあと、韓国海軍の幹部と地元の焼肉屋に行った。最初に生ニンニクのスライスと青唐辛子が出てきて、ビールでこれを食べるのが習慣だと言う。鎮海へ投錨する直前に乗艦してきた韓国人のパイロット（水先案内人）が異常にニンニク臭かった理由が判った。

韓国海軍の幹部とは、お互いに母語ではない英語で会話をしていた。マッコリをビールで割ったものを飲み始め、二人とも饒舌になってきた頃に、厨房から年配の女性が出てきて私に話しかけてきた。

「あなた日本海軍の将校の方ですね？」

突然、まったく訛りのない流暢な日本語で話しかけられて、一瞬自分が何語で会話をしていたのかが判らなくなったが、その女性が日本人でないことはすぐに判った。今時の日本人が「日本海軍の将校」という言い方は、まずしないし、服装から階級が判るなんて、極めて少数派だからである。

「そうです。日本からです。今日入港しました」

「よかった。日本の人に聞いてみたかったことがあるのよ。この辺の年寄りはね、みんな心配しているんですよ。日本人が怒り出すんじゃないかと思って、心配しているんです」

流暢な日本語なのに、言っている意味がさっぱりわからなかった。

「怒り出す？　何で日本人が怒り出すんですか？　何に怒るんでしょうか？」

「怒ってないのね。それは、よかった。心配だったんです」

「心配？　何で心配なんですか？」

「あなた、パハンって知ってる？」

「パハン？　知りません」

彼女は、私の質問には答えず、話を続けた。そして漢字で「八幡」と書いた。

「これは、ヤハタやヤワタ、ハチマンと読むんです、地名ですよ」

「違うのよ、パハン。じゃあ、カイラギって知ってる？」

「カイラギ？　知りません」

また、彼女は漢字を書いた。「海乱鬼」。

「何でしょう、判りません」

「これはね、二つとも日本人のことです。昔は、日本人が手こぎ舟でここに貿易に来ていました。この辺には悪い人が多いから、その日本人を騙すんです。警察官も一緒になって騙して、全部取り上げてしまうのです。その日本人は、お金も品物も取り上げられてしょんぼり、帰って行く。でも、翌年、同じ人が貿易に来るんだそうです。そしてまた、みんなで騙して取り上げてしまうと、帰って行く。その翌年にも来るので、同じように騙す。そうすると、騙された日本人は着ていた服を脱いで、ふんどしに日本刀を差しただけの格好になって、漕いで帰るはずの自分の舟に火をつけたと聞きます。舟が燃え尽きるまで、じっと舟を見ていて、舟が燃え尽きると、突然日本刀を抜いて、さやを海に投げ捨て、殺戮を始めるそうです。自分を騙した人だろうが、関係ない人だろうが、区別なく日本刀で殺していく。何十人も殺して、気が済んだのか、最後はその日本刀で自分のお腹を切って自害する。だから、日本人を騙すのは簡単だけど、何度も騙していると、突然気がおかしくなって殺戮を始める、と言われています。この辺の年寄りが今、心配してるのは、そろそろ日本が怒り出すんじゃないか、ということです」

「そうなんですか、そういう話があるんですか。でも、無差別の殺戮をするほど怒っていませんよ。それとも、私が知らないほど、日本人は騙され続けているのですか？」

「そんなことは、ないですけど……」

不可解な終わり方をした会話だったが、パハン、カイラギの話は、ありがちなことだとは思った。

危うい行動美学

その約十年後、ラオスの首都ビエンチャンで似たような話を聞いた。

私は、食堂のバーカウンターで飲みながら店員の二十代らしき青年と話をしていた。

「フランス語のメニューがあるけど、いまだにフランス人が来るの?」

「来ます。半分くらいはフランス人です」

「そうなのか? こんな遠くにまで来るんだ?」

「そうです。でも私は、フランス人が嫌いです。まだ、植民地だと思ってるんですよ」

「そうなんだ」

「でも、中国人が一番嫌いです。フランス人は偉そうなだけですが、中国人は、偉そうだし、騙すから、最悪です」

「嫌いな人が多いね」

「あなたには、嫌いな人がいないんですか?」

「そうやって、生まれた国で相手のことを好きだ嫌いだって言うのは嫌で、言わないようにしてるんだよ。でも、あるよね、そういう感情はあるよ。うるさい集団とか、自分勝手に振る舞ってる連中を見たら中国人じゃないかなって思うし、彼らが中国語をしゃべってると『やっぱり』と思って、ちょっと安心するもんね」

「あなたも中国人が嫌いなんですか」

「ただ、俺はそういう人を見つけると『ニーハオ』って話しかけるようにしてるんだけど、三回に一回位は、『何ですか？』って日本語が返ってくるんだよね」

「日本人だってことですか？」

「そうなんだよ。だいたい俺より十五歳くらい上の世代だな。知り合いでも中国人がどうの、韓国人がどうのって、犯罪率とかの具体的な数字で説明する人もいたりして、確かにそういう傾向はあるにしても、現に三回に一回は日本語が返ってくるんだよね」

「日本と中国、韓国は仲が悪いって、聞きますね」

「そういう風潮はあるよな……。その雰囲気が自分たちを強引に美化して、自画自賛するきっかけになっちまうような気がするんだよね。だけど、心の中には何かある」

「そうですか、やっぱり仲良くないんですね」

「まあ、うっとうしいのがいたのなら、そいつがどこの生まれとかじゃなくて、我慢の限界を超えたら、やっちまえばいいだけの話だよね。生まれた国とは別の話。ところで、ラオスの人は、日本人をどう思ってんの？」

「私は、あなたが初めて会った日本人なのでわかりません」

「日本人は、あんまり来ないの？」

「そうですね、でも祖父は、日本人をよく知っていて、日本人は、騙しやすいって言ってました」

「騙しやすい？」

「はい、同じ手口で何度でも騙せる。でも、いい気になって騙してると、ある日突然、見境なく殺しに来るから絶対に騙してはいけないって、言ってました」

驚いて、絶句した。韓国で聞いた話と酷似した内容に加え、ついさっき言った自分のせりふの裏に、その青年のおじいさんが語る日本人の特徴がそのままあったからだった。

「我慢の限界を超えたら、やっちまえばいいだけの話」

我慢を重ねて、最終的に堪忍袋の緒が切れる。

この傾向は自分の中にはっきりとあるし、日本人の国民性としてもあると思う。周りの友人知人を見ても、好みとして持っているように見える人が少なくないし、高倉健あたりが出ている任俠映画もそんな感じではないか。

さらに、私を含む一部の日本人は、最初は純粋な我慢だが、途中から心の中で「もっとやれ、もっとやれ」と思っている場合もある。堪忍袋の緒を狙って切るかのように、自分の理性を外すタイミングを計っている。これだけ我慢したんだから、ここまでやっても致し方ないと、自分も周りも認められるように、耐えながら、実は積極的に怒りを積み重ねている場合がある。

譲ることは配慮だ、という考えがあるが、国家間において、日本人がよかれと考えて譲ったことが、相手の誤解を生み、増長を誘うことはないだろうか。その増長が増長を生み、こちらは我慢の限界を迎え、感情的な敵対行動、それこそ〝皆殺し〟のようなことを起こしはしないだろうか？

譲るばかりではなく、この線以上は譲る気がないという意志を強く示すことも、事態を収拾するための大切な配慮であるはずだ。

譲って引いて我慢して、最終的には皆殺し。それは、武の発動として最悪だ。

確かに武というものは、簡単に使うものではなく、譲ること、引くこと、我慢すること、あらゆる手段を尽くして回避すべきことだ。それでも致し方なく発動する時は、冷静な熟慮と明確な意志に基づくべきで、ぶちぎれて暴れてはいけない。

少なくとも、日本人の厄介な行動美学としてそうした側面があることを、まず我々自身が認識すべきだと思う。

終わりのない本

日本はどんな国なのか。そうした国の何を守らなければならないのか。

私自身の中で答えの出ていないことは、まだまだたくさんある。

しかし、能登半島沖不審船事件をきっかけに、日本にも特殊部隊が不可欠であると痛感したことは事実であり、その必要性の認識は今でも変わらない。

そして、特殊部隊員の必要条件が、任務完遂に己の命より大切なものを感じ、そこに喜びを見いだせる人生観を持つ者であることも間違いない。

部隊にいた足かけ八年のあいだ、我々が出撃する時は、ほぼ一〇〇パーセント緊急出動になると思っていた。

だから、部隊として管理している装備品は、いつでもすぐに持ち出せるよう、常に整備され、定められた場所に格納してあった。同様に、個人に管理が任されている装備品も、訓練で使用した直後に整備し、すぐに持ち出せるよう、整然と個人ロッカーに格納してあった。その格納状況、整備状況は点検もしたし、教育・指導もした。

ただ、出撃時に持って行くバッグだけは、完全に個人に任せていた。着替えの下着や洗面用具などを入れるバッグの中身まで制限することはしなかった。

その中に、「最期のもの」を入れている者もいた。「最期のもの」とは、最後に聞きたい曲だったり、最後に見たい写真だったり、最後に読みたい本などである。

私も本を入れていた。それは、なぜか国語辞典だった。

深い考えや、強い想いがあったわけではない。だが、私の他にも国語辞典をバッグに入れている者がいた。

特殊部隊を辞め、防衛省を辞め、その本のことはすっかり忘れていた。

ミンダナオ島から日本に戻ってきて一年が経過した頃、現職の海上保安官が尖閣諸島漁船衝突事件の映像を動画投稿サイトにアップした。

映像を見て衝撃を受けた。自分がもしあの巡視船に乗っていて、あんなぶつかり方をされていたら、殺意に近いほどの激しい敵意を抱くと思った。それは艦船に勤務する人間であれば誰もが持つ感情ではないか。

しかし、その場の海上保安官は、冷静に逮捕、送致、書類送検を行った。公務中のことであり、私情を抑えて当然とはいえ、それがどれほどの苦痛を伴うか容易に想像できる。そして、あれだけ違法行為の証拠がありながら、中国人船長は、起訴猶予となり釈放され、中国へ帰国した。

現場にいて私情を押し殺し公務に徹した海上保安官はもちろんのこと、日本の公務に就くすべての者が、やりきれない気持ちであの動画を見ただろう。

自分たちの国家には、意志が存在しなかった。

私もかつて公務に就いていたので判るつもりだが、これほど寂しく、虚しく、悲しい現実はない。たまらず涙を流した者もいると思う。いったい何のために、何をすればいいのかが判らなくなるし、今後、何を指針に判断していけばいいのか見えなくなるからである。国家の判断基準は、その場に波風を立たせないことだけなのか、と疑ってしまう。

日本に戻ってきて一年経過していたが、あの事件で沸き上がった収めようのない怒りと、どうしようもない焦りは、何もできない自分への情けない思いとなり、たまらない自己嫌悪となった。どうにも許せないものがあった。

行き詰まったら原点に戻るしかない。自衛隊を辞めた時の気持ちからやり直すしかない。だから、そのままにしてきたミンダナオ島のすみかを目指し、再び日本を出発した。

島に着くと、半地下のすみかに戻った。その空間には、ついさっきまで、誰かが強い意志を持って生きていたような空気が充満していた。道具にさえ生き物の匂いがする。出て行った時のままになっていた、拳銃、ライフルのスコープや装備品、水中格闘用ナイフ、ジャングルでの山刀、鉈のような対人用ナイフ、潜水用具のロングフィン、水中銃、フリーフォール用の高度計まであった。

そして、むんとした熱帯の半地下室で現実と錯覚の狭間を漂っていると、整然と格納してある装備品の中に一冊の本が紛れていることに気づいた。

国語辞典だった。出撃時に持って行くバッグの中にいれていたものだった。

英語の辞書ならまだしも、日本語を使う機会のないミンダナオ島に、どうしてだか、国語辞典が置いてあった。

あの時なぜ、最後に読む本を国語辞典にしていたのかを、あらためて想った。

痛いような記憶が蘇ってくる。

嫌だったのだ。

本が終わってしまうのが堪らなく嫌だったからだ。

バカバカしい話だが、本を読み終えてしまうと、自分も終わってしまうような気がしていた。それが怖くて、読み終えることのない辞書をバッグに入れた。

この部隊に向いているとか向いていないとか、特殊部隊員を判別しておきながら、私自身が生きていたいという本能をコントロールできていなかったのだ。

二つの本能

特殊部隊員だった当時の写真を見ると、国語辞典の場合と同じような感情が蘇る。柄にもなく切なくなって、ミゾオチのあたりが痛くなる。

その理由はまず、一緒に写っている者同士の距離が近いからだ。成人した男同士の距離ではない。子供の友だち同士のように近い。自分の家族にも決して見せない自分のすべてを晒し合った関係だったからだろう。

それにも増して切なさを感じるのは表情だ。何とも悲しげに見えてしまう。みんな普通の顔をしているし、笑顔の者もいるが、どこか悲しい。自分の中のある感情を押し殺して、ねじ伏せて、目を背けているからだ。あの本能が読み取れてしまうのだ。

我々は、任務完遂に自分の命より大切なものを感じていたし、その生き方に納得もしていた。しかし、生きていたいという本能がなくなったわけではなかった。なくなったどころか、ふと気を抜くと、増殖して大きくのしかかってきた。だから、常に増殖させないように気をつけていた。

しかし、それはすべて間違いだった。

特殊部隊を辞め、自衛隊を辞め、ミンダナオ島に来て判った。詳細を書くわけにはいかないが、斬って斬られて、撃たれて撃って、自分の生命の危機を何度か経験するうちに、生きていたいという本能とのつき合い方が、判ってきた。その本能を押し殺すことも、ねじ伏せることもしてはいけないのである。

なぜなら、生きていたいという本能は、自分が理想とする生き方を貫く原動力だからだ。我々は、他人を殺めることも自分が殺されることも覚悟しているが、それがしたいわけではない。自分が理想とする生き方を貫きたいだけなのだ。

だから、この種の職に向いているか否かは、その本能をかき消せるかどうかではなく、自分が理想とする生き方をどんなに大きな代償を払っても貫きたいか、ということなのだ。

そして、その理想とする生き方は、公への奉仕であり、与えられた任務の完遂なのである。

公への奉仕というと、えらく高尚に聞こえるが、まったくそんなことはない。動物の世界にはいくらでもある、群れのために自ら犠牲になる個体がいるという話と同様なのだ。

彼らは、自殺願望に誘われているのでも、洗脳されているわけでも、利他的精神の修行を積んでいるのでもない。まさに本能がそうさせているのである。

生きていたいという本能も失っていないのだが、群れに危機が訪れると、自分が犠牲になってでも群れを守ろうという本能が発動する。どの種にも、何パーセントかはそういう傾向のある個体が存在しているのではないのかと思う。

ゆえに、この種の職を選んだからといって、賞賛や謝意を受けて然るべきだなどと思うのは、おかしな話だ。そういう風に生まれてきただけだからだ。

ただし、平時から死を前提にして生きていくことは、そう簡単ではない。

だからこそ、彼らを理性的に選び、合理的に育て、有効に使わなければならない。

つまらないエリート意識や高額な手当で若者を釣ってはならないし、目的が理解できない訓練や派手な自己満足的教育で彼らの時間を浪費してはならない。

本気で使う気がなければ抑止力にすらならないし、公の奉仕に繋がらない任務を付与してはは断じてならない。

願いと祈り

特殊部隊のみならず、覚悟をもってその職に就いている人たちに伝えたい。

きっと、来たるべき時に、生きていたいという本能が捨て切れないんじゃないかとか、死の恐怖がまとわりつくんじゃないかとか不安に思い、人知れず悩んでいるだろう。

それは、生き物として正常な感性であり、気にして当然だ。

むしろ、自分に向かって弾が飛んできたことも、自分に明確な殺意を持っている者に会ったこともないのに、命を捨てられるとか、平常心が維持できるとか思っている者、それを口に出す者の方がよっぽどおかしい。少なくとも信憑性はない。

また、この世に残していく者に対する情が大きくなることを恐れ、子供の寝顔を見ることができなかったり、体温を感じないよう極力接触を避けている者もいるはずだ。私の周囲にもたくさんいた。

かく言う私も、自分の子供が、ものを頬張っている姿を直視することができなかった。この世に残していく我が子への情がまとわりついて、一瞬でも自分の覚悟を邪魔するのではないかという恐怖感があったからだ。

しかし、その時がきたときに情が覚悟を邪魔することは一切なかった。

だから、情が大きくなることを恐れる必要はない。

愛する者に好きなだけ愛情を注いで欲しい。本当に自分の生き方に無理がないのなら、心の底から納得しているのなら、来るべき時に任務を完遂したいという本能がわき起こり、すべての感情を超越してくれる。そして、スッキリと、ことに臨むことができる。

だから、平素から押し殺したり、ねじ伏せたり、目を背けなければならないものなどはない。自分の心の奥深くにある本能を信じ、淡々と技を磨き、身体を錬え、心を整え、その時に備えておくだけでいい。

私は、現在の日本に不満があるし、不甲斐なさも感じている。

しかし、「あなたは日本に危機が訪れたらこの国を守りますか?」と聞かれれば、「守ります」と即答するし、なぜ守りたいのかと聞かれれば、「生まれた国だからです」「群れを守りたくなる本能が植えつけられているようなのです」と答えるだろう。

ただし、だ。

せっかく、一度しかない人生を捨ててまで守るのなら、守る対象にその価値があってほしいし、自分の納得のいく理念を追求する国家であってほしい。

それは、満腹でもなお貪欲に食らい続けるような国家ではなく、肌の色や宗教と言わず、人と言わず、命あるものと言わず、森羅万象すべてのものとの共存を目指し、自然の摂理を重んじる国家であってほしい。

たった今も、生きていたいという本能と、この世に残していく者への情に悩み、技を磨き、身体を錬磨し、心を整えている者がいる。本能がそうさせることではあるが、彼らが、自分の命を捧げるに値する、崇高な理想を目指す国家であってほしい。

それは、この特異な本能を持って生まれてきてしまった者たちの、深く強い願いであり、尽きることのない祈りである。

おわりに――あの事故のこと

自衛隊の特殊部隊創設に携わり、退官後の現在も特殊戦の世界で生きている者として、私の知る限りを書いてきた。言いたい事のおおよそは、お伝えできたと思っている。

しかし、最後に一つ、本書で触れなければならない「事件」がある。

二〇〇八年九月、日本を遠く離れたミンダナオ島にいた私は、特殊部隊の特別警備隊でついに訓練中の死亡事故が発生したことを知った。部隊を離れて一年半後のことだった。

＊

「事故」が起きたのは9月9日。広島県江田島市の海上自衛隊第1術科学校で、特殊部隊「特別警備隊」の養成課程に所属していた3等海曹（25）が、「徒手格闘訓練」中に倒れ、25日に急性硬膜下血腫で死亡した。「訓練」時には、2人の教官が立ち会っていた。

徒手格闘訓練は、顔などに防具、拳にグローブを付け、パンチやけり、投げなどで闘うもので、海自呉地方総監部は死亡時、「訓練中の事故」と発表していた。ところがその後、

「訓練」は3曹が15人を相手に1人50秒ずつ格闘する形で行われ、14人目のパンチをあごに受けて倒れたことが判明した。訓練は通常1対1で行われ、海自幹部は「15人を相手にするのは聞いたことがない」と話す。

3曹は8月に異動を申し出、「事故」の2日後に元の部隊に戻る予定だった。

(二〇〇八年十月十六日付毎日新聞社説より)

＊

部隊の外にいて、内情を知らない立場で、死亡事故の原因や、再発防止策について語る気はない。しかし、特殊部隊を創設するきっかけとなった事件、創設前、創設中、創設後を知っている者として、強く思うところはある。

なぜ、自ら特殊部隊員になることを断念した学生と、挑戦している真っ最中の学生を同じ空間に置くようなことがあったのか。そこからして理解できない。ましてや、一緒に訓練をするなんて考えられない。私の感覚では、断念した学生、挑戦している学生双方に対して、失礼すぎる話だからだ。

特殊部隊員になるために、心身の限界に挑戦し続けている学生は、まさしく尊敬に値する。そして、自ら断念した学生もまた、尊敬すべき存在である。断念した時点の学生は、精神も肉体も限界を完全に超えてしまっている。そこまでして成し遂げたかったのに、冷静に自分の能力を評価し、これ以上留まろうとすれば、全体の訓練の進行を遅らせてしまうと判断して辞退する学生がほとんどだった。ある意味、挑戦し続けることより、困難なことなのである。

「ご苦労だった。よく辛抱した。この道に挑戦して、心身の限界を何度も超えながら、諦めずに食い下がってきた。さらに、最終的には自分の能力を客観的に判断し辞退した。そんなことができた自分に誇りを持つべきだし、俺はお前を尊敬する。今後も胸を張って次の人生目的にその姿勢でぶつかって欲しい」

私が部隊にいた頃は、辞意を申し出た学生に対し、心の底から本当にそう思ったし、その思いを極力本人に直接伝えた。組織としても、本人の希望する赴任地において希望する職種に就けるよう全力で動いた。

完全に燃え尽きてしまっている彼を、もはや何の意味もない訓練に参加させるなんてことができるはずがなかった。危険すぎるし、失礼すぎる。敬意をもって次の職種、次の任務に関する準備作業をさせるべきである。

それに、万が一、私が、断念した学生と挑戦している学生とを混在させた訓練をしようとしたら、断念した彼の心情を痛いほど判っている同期生が、必ず訓練内容の変更を直訴してきたはずである。「どうして、断念した者が耐えられる程度の訓練を私たちにやらせるのか？　私たちは、実戦配備に就く日までに限りがある。私たちのための私たちにしかできない訓練をするべきだ」と言ってきたに違いない。そして、きっと私は教官という立場であっても、彼らの熱意と情熱と気迫によって考えを改めたと思う。だから、挑戦している最中の学生にとっても、それは至極失礼な話なのである。

過去というものは美しく記憶に残されるものらしく、何千年も前の古代から「今時の若い者は」という言い方があったという。私の思いは杞憂であるかもしれないし、そうであって欲しいものだ。

しかし、海上自衛隊に二十年間勤務した者として、どうしても拭えぬ不安がある。その不安とは、格闘訓練がこの事件の後、どうなったのかである。まさか止めてしまったのではないだろうか……。

訓練中の死亡事故は、決して起こしてはいけない。無論、人道的にも組織的にも起こしてはいけないが、戦闘をその任務とする集団において非戦闘損耗、戦闘もしていないのに戦闘員を失い、戦闘力を下げてしまうことは決してあってはならない。

だが、あってはならないと言いながら、訓練にリアリズムを追求すればするほど、死と隣り合わせの訓練も必要となってくる。それは、組織存在の目的が戦闘行為だからである。だから、リアリズムを追求しながら、より効果的でよりリスクの少ない訓練方法を常に模索しなければならない。

訓練には目的がある。近い将来に実行しなければならないと思われる作戦があり、それを完遂するのに必要な能力を高めるために行うのだ。

その必要性は、国際情勢の変化や、新装備品の出現によって変わることはあっても、死亡事故によって変わるものではない。だから、死亡事故が発生しようがしまいが、訓練は実施するのである。手法については、即日変更し、検討し続けるものであっても、訓練そのものを実施しなくなってしまうということがあってはならない。それで止めてしまうようなものならば、最初からしなければいい。

航空機は、落ちる。今後も必ず落ちる。落ちれば多数の死亡者を含む大事故になる。しかし、人類は航空機を飛ばすことは止めてはいない。事故原因を調査し、対策を練って、研究もして進歩、進化させる努力はしても、飛ばすことを諦めはしない。

訓練も同様である。組織が存在する以上、その組織を機能させるための訓練は絶対に必要である。死亡事故というデメリットを負いながら、それを減らす努力をし続け、継続しなければならない。

ところが、私の知る限り、事故を起こした自衛隊の部隊というものは、完全に萎縮し、事故原因のすべてを取り除こうとするのが常だ。訓練効果などは完全無視で、「とにかく事故を起こすまい」という方向へ倒れ込んでいく。そのあげく、作戦行動からかけ離れた、安全だけには異様に気を遣う訓練を実施するようになってしまう。そして、それを「よし」とする輩が増殖し、それが当然になっていく。

特別警備隊に限らず、防衛省は、非軍事的手段を尽くした上で国家が意志を貫こうとするときに、戦闘行動をする組織である。だからこそ、入隊時全隊員に、「専心職務の遂行に当たり、事に臨んでは危険を顧みず、身をもって責務の完遂に務める」と宣誓させている。生命の危険をも顧みることができないほど重要な任務にあたるからである。

であるならば、その時だけ危険を顧みなければいいなんてことがあるわけがない。平素から危険を顧みない訓練により、能力を向上させ、その時に備えるのである。

ドイツの名将ロンメルは「訓練死のない訓練は、戦死のない戦闘と同じで、芝居と同様である」という言葉を残している。訓練死のない訓練を実施している部隊は、往々にして訓練効果の追求を放棄している場合が多いことを知っていて、訓練死を覚悟した、芝居でない訓練を実施せよ、と言いたかったのだろう。

特別警備隊は、その創設期より「作戦行動に直結した理由を説明しろ。俺を納得さえさせれば……」を基本方針として、すべてを決めるときの根拠としてきた。だから、悩んだとき、迷ったとき、間違いに気付いたときは、必ずそこに立ち返った。

訓練中の死亡事故という痛ましい事態に至ったとしても、いや、至ったからこそ、原点に立ち返るべきである。作戦行動に直結した、死と隣り合わせの訓練を継続しなければならない。それこそが非戦闘損耗という志と異なる形で殉じさせてしまった学生への唯一にして最善の弔いである。

この本の制作は、防衛大学校を卒業して毎日新聞社に入社した滝野隆浩氏が、同紙の記事で私について紹介したところから始まった。その記事を読んで私に興味を持ったフリーライターのオバタカズユキ氏と滝野氏と私の三人が、「本にしたい」という思いで一致し、本づくりがスタートしたのだった。

滝野氏もオバタ氏も、私とは性格、感性共に大きく異なる人たちだ。しかし、「生と死について考える本を出したい」という点では一致していた。だから、議論はあっても、問題意識がズレていくことはなかった。そうした二人が私の執筆に伴走してくれたおかげで、不安は軽減され、書き切ることができた。

オバタ氏が立てたこの本の企画を受け止めてくれたのは、文春新書編集長の吉地真氏だ。吉地氏が軍事にも世事にも明るい人物であることも幸いだった。ふつうの日本人に読んでもらいたい、という私の思いを汲んで、納得の一冊に仕上げてくれた。

私は、元特殊部隊員であり、現在も未来も特殊戦の世界で生きていく。しかし、この本は、特殊部隊員でも自衛官でもない、ごく一般的な日本人に向けて書いたものである。

伊藤祐靖（いとう　すけやす）

1964年東京都出身、茨城県育ち。日本体育大学から海上自衛隊へ。防衛大学校指導教官、「たちかぜ」砲術長を経て、「みょうこう」航海長在任中の1999年に能登半島沖不審船事件を体験。これをきっかけに自衛隊初の特殊部隊である海上自衛隊の「特別警備隊」の創設に関わる。42歳の時、2等海佐で退官。以後、ミンダナオ島に拠点を移し、日本を含む各国警察、軍隊に指導を行う。現在は日本の警備会社等のアドバイザーを務めるかたわら、私塾を開いて、現役自衛官らに自らの知識、技術、経験を伝えている。著書に『とっさのときにすぐ護れる　女性のための護身術』がある。

文春新書

1069

国《くに》のために死《し》ねるか
自衛隊《じえいたい》「特殊部隊《とくしゆぶたい》」創設者《そうせつしや》の思想《しそう》と行動《こうどう》

2016年（平成28年）7月20日　第1刷発行
2016年（平成28年）8月1日　第2刷発行

著　者　伊藤祐靖
発行者　木俣正剛
発行所　株式会社 文藝春秋

〒102-8008　東京都千代田区紀尾井町3-23
電話（03）3265-1211（代表）

印刷所　大日本印刷
製本所　大口製本

定価はカバーに表示してあります。
万一、落丁・乱丁の場合は小社製作部宛お送り下さい。
送料小社負担でお取替え致します。

ISBN978-4-16-661069-3